Hicham Zaitan

Valorisation de la diatomite comme adsorbant de COVs

Hicham Zaitan

Valorisation de la diatomite comme adsorbant de COVs

Valorisation de la diatomite Marocaine comme adsorbant des COVs générés par les procédés industriels

Presses Académiques Francophones

Impressum / Mentions légales

Bibliografische Information der Deutschen Nationalbibliothek: Die Deutsche Nationalbibliothek verzeichnet diese Publikation in der Deutschen Nationalbibliografie; detaillierte bibliografische Daten sind im Internet über http://dnb.d-nb.de abrufbar.
Alle in diesem Buch genannten Marken und Produktnamen unterliegen warenzeichen-, marken- oder patentrechtlichem Schutz bzw. sind Warenzeichen oder eingetragene Warenzeichen der jeweiligen Inhaber. Die Wiedergabe von Marken, Produktnamen, Gebrauchsnamen, Handelsnamen, Warenbezeichnungen u.s.w. in diesem Werk berechtigt auch ohne besondere Kennzeichnung nicht zu der Annahme, dass solche Namen im Sinne der Warenzeichen- und Markenschutzgesetzgebung als frei zu betrachten wären und daher von jedermann benutzt werden dürften.

Information bibliographique publiée par la Deutsche Nationalbibliothek: La Deutsche Nationalbibliothek inscrit cette publication à la Deutsche Nationalbibliografie; des données bibliographiques détaillées sont disponibles sur internet à l'adresse http://dnb.d-nb.de.
Toutes marques et noms de produits mentionnés dans ce livre demeurent sous la protection des marques, des marques déposées et des brevets, et sont des marques ou des marques déposées de leurs détenteurs respectifs. L'utilisation des marques, noms de produits, noms communs, noms commerciaux, descriptions de produits, etc, même sans qu'ils soient mentionnés de façon particulière dans ce livre ne signifie en aucune façon que ces noms peuvent être utilisés sans restriction à l'égard de la législation pour la protection des marques et des marques déposées et pourraient donc être utilisés par quiconque.

Coverbild / Photo de couverture: www.ingimage.com

Verlag / Editeur:
Presses Académiques Francophones
ist ein Imprint der / est une marque déposée de
OmniScriptum GmbH & Co. KG
Heinrich-Böcking-Str. 6-8, 66121 Saarbrücken, Deutschland / Allemagne
Email: info@presses-academiques.com

Herstellung: siehe letzte Seite /
Impression: voir la dernière page
ISBN: 978-3-8381-4182-4

Copyright / Droit d'auteur © 2014 OmniScriptum GmbH & Co. KG
Alle Rechte vorbehalten. / Tous droits réservés. Saarbrücken 2014

N° d'ordre 08/2005   Année 2005

UNIVERSITE ABDELMALEK ESSAADI
FACULTE DES SCIENCES et TECHNIQUES
TANGER

UFR: Techniques Physico-Chimiques de Dépollution et Environnement

THESE

Présentée

Pour l'obtention du

DOCTORAT EN SCIENCES

Par:

Hicham ZAITAN

Discipline: Chimie Physique

Spécialité: Génie des Procédés

Etude de valorisation de la diatomite du Rif marocain comme adsorbant de composés organiques volatils (COV) générés par les procédés industriels

---

Soutenue le 24 Octobre 2005 devant le Jury

Mme. A. AZMANI, Faculté des Sciences et Techniques (Tanger)	Présidente du jury
Mr. D. BIANCHI, Université Claude Bernard (Lyon)	Rapporteur
Mr. A. LEGROURI, Université Al Akhawayn (Ifran)	Rapporteur
Mr. H. AHLAFI, Faculté des Sciences (Meknès)	Rapporteur
Mr. M. STITOU, Faculté des Sciences (Tétouan)	Examinateur
Mr. K. LAZAAR, Faculté des Sciences et Techniques (Tanger)	Examinateur
Mr. T. CHAFIK, Faculté des Sciences et Techniques (Tanger)	Directeur de thèse

Résumé

La présente étude vise à évaluer les performances d'une diatomite provenant du Rif Marocain vis-à-vis de l'adsorption/ désorption de l'o-xylène, par comparaison, à celles des oxydes métalliques commerciaux tels que Al_2O_3, TiO_2 et SiO_2. Pour ceci, nous avons développé une méthode pour la détermination des capacités d'adsorption et de désorption de COV basée sur le traitement quantitatif des spectres IRTF en phase gazeuse enregistrés dans des conditions dynamiques (sous flux gazeux à la pression atmosphérique).

Dans la première partie, nous avons étudié les caractéristiques texturales et superficielles des solides étudiés. Un intérêt particulier a été accordé à la mise en évidence de l'effet de l'activation de diatomite sur ces caractéristiques en faisant le lien avec les propriétés adsorbantes. Nous avons pu montrer que l'activation thermique de diatomite n'a aucun effet sur la surface spécifique alors que le traitement acide conduit à une augmentation notable de la surface spécifique et du volume poreux. Ceci a été vraisemblablement attribué à l'élimination totale des carbonates qui conduit au développement de la structure poreuse de la diatomite. Ces résultats ont été également justifiés par des analyses IRTF, MEB, ATG/DTG et par fluorescence X.

Les tests d'adsorption et désorption de xylène obtenus sur l'ensemble des solides montrent que la diatomite adsorbe des quantités semblable à celles de SiO_2 lorsqu'elles sont exprimées en µmol /m². La majeure partie du xylène adsorbée à température ambiante (70%) se désorbe d'une manière réversible en isotherme. La régénération complète nécessite une désorption à température programmée (DTP). Nous avons pu montrer grâce aux spectres FTIR enregistrés pendant cette étape que la désorption a été faite sans dégradation par décomposition du xylène. Ceci confère à la diatomite une facilité de recyclage de solide et de récupération de solvant.

Les isothermes d'adsorption expérimentales d'o-xylène sont bien représentées avec les modèles de Temkin et de Langmuir. Ceci a donné accès aux valeurs de monocouches, dont les valeurs étaient situées entre 420 µmol/g et 4000 µmol/g pour les solides étudiés. Par ailleurs, les valeurs de capacités d'adsorption obtenues étaient inférieures à la monocouche dans le domaine des pressions étudiés P inférieures à sa pression de vapeur saturante Ps, à la température d'adsorption (Ps= 6.62 torr à 300 K).

D'autres part, la chaleur d'adsorption mise en jeu lors de l'adsorption du xylène sur les adsorbants étudiés est de l'ordre de 60 kJ/mol correspond aux interactions de type physisorption. Les valeurs obtenues diminuent légèrement et linéairement en fonction de taux de recouvrement indiquant une faible interaction entre les molécules adsorbées. Le calcul de l'entropie d'adsorption a montré que les molécules de xylène s'adsorbaient d'une manière localisée en gardant des degrés de libertés.

DISCIPLINE
    Chimie Physique

MOTS-CLES
    COV, adsorption, désorption, diatomite, surface spécifique, IRTF, DTP, isotherme d'adsorption, monocouche et chaleur d'adsorption

INTITULE ET ADRESSE DU LABORATOIRE
    Laboratoire de Génie Chimique et Valorisation des Ressources (LGCVR)
    Faculté des Sciences et Techniques de Tanger, B.P. 416 Tanger, Maroc

Remerciement

Ce travail a été réalisé au Laboratoire des Procédés et Valorisation des Ressources Département de Génie Chimiques du Faculté des Sciences et techniques de Tanger en collaboration avec le Laboratoire d'Application de la Chimie à l'Environnement de l'Université Claude Bernard Lyon 1.

Ma profonde gratitude s'adresse tout particulièrement à mon Directeur de thèse, Monsieur Tarik Chafik, Professeur et responsable de LGCVR de Tanger, dont la sympathie, le soutien et la disponibilité scientifique et humaine ont très largement dépassé le cadre de la thèse. Je tiens donc à le remercier chaleureusement pour avoir encadré cette thèse, pour son efficacité, ses conseils toujours très précieux et encouragements pour mener à bien ce travail.

J'adresse mes très sincères remerciements et ma reconnaissance à Monsieur le Professeur Daniel Bianchi du Laboratoire d'Application de la Chimie à l'Environnement de l'Université de Lyon, pour la confiance qu'il m'a témoignée en m'accueillant au sein de son laboratoire tout au long de mes séjours en France et son appui par la mise à notre disposition de moyens nécessaires à la construction d'un dispositif pour des expériences d'adsorption et de désorption.

Je tiens à remercier très vivement et respectueusement, Madame Amina Azmani, Professeur et doyenne de la Faculté des Sciences et Techniques de Tanger, qui m'a fait l'honneur de présider le jury de thèse.

Je présente également mes remerciements à Monsieur Ahmed Legrouri, professeur à l'Ecole des Sciences et Ingénierie de l'Universitaire Al Akhawain, qui a accepté d'être rapporteur de cette thèse. Je suis très honoré de l'intérêt qu'il a porté à ce travail. Sa lecture très attentive de ce manuscrit a permis la correction de diverses erreurs et imprécisions.

Je présente également mes remerciements à Monsieur, Hammou Ahlafi Professeur à la Faculté des Sciences de Meknés pour m'avoir honoré de sa présence en acceptant d'être rapporteur de ce travail et de le juge.

Je remercie au même titre Messieurs Mustafa Stitou, Professeur à la Faculté des Sciences de Tétouan et Khalid Azaar, professeur à la Faculté des Sciences et Techniques de Tanger d'avoir participé au jury ainsi que pour leur corrections constructives.

Mes remerciements s'adressent aussi à l'ensemble du personnel du LACE, et tous les membres du Département de Génie Chimique de la Faculté des Sciences et Techniques de Tanger qui m'ont cordialement accueilli parmi eux. Je n'oublie pas dans mes remerciements Monsieurs Serafin Bernal et Hilario Vidal du Département de C.M., I.M. et Chimie inorganique de l'Université de Cádiz, qui m'ont accueilli d'une façon sympathique dans son laboratoire, pour la préparation de filtres de type monolithe à base d'argiles naturelles (projet A46/02 de la Junta Andalucía).

Mes remerciements les plus vifs vont tout particulièrement à ma mère et frères qui ont joué évidemment un très grand rôle dans cette thèse. Leur soutien moral et matériel m'a été indispensable tout au long de ces années... Merci de m'avoir donné l'opportunité d'arriver jusque là.

Enfin, et cela me paraît important, j'exprime ma sympathie à tous mes camarades que j'ai rencontré pendant la préparation de cette thèse, en particulier, A. Bouranne, H. El Bakouri, S. derouiche, A. Hachimi, A. Aassiri et S. Harti...

Merci au comité mixte Inter universitaire Franco-Marocain (AI 229/SM/SI/00) pour son support financier et l'Université Abdelmalek Essadi par son Président Prof. M. Bennouna pour la contribution à la maintenance du spectromètre IRTF.

Sommaire

Sommaire   i

Liste des symboles   vi

Table des illustrations   viii

Introduction générale   1

CHAPITRE I:
Le xylène dans l'industrie: Aspects toxicologiques, réglementaires et techniques de dépollution

I- Introduction.. 8
II- Les composés organiques volatils... 8
    II.1. Caractéristiques d'un COV type xylène.. 9
        II.1.1 Propriétés physico-chimiques.. 9
    II.2 Utilisation du xylène en industrie et principales sources d'exposition........ 10
        II.2.1 Risques liés au xylène.. 10
        II.2.2 Les limites d'inflammabilité de l'o-xylène (sécurité)...................... 11
        II.2.3 Toxicité de xylène en lieux de travail et valeurs limites d'expositions professionnelles... 12
            II.2.3.1 Toxicité... 12
            II.2.3.2 Valeurs limites d'expositions professionnelles.......... 13
            II.2.3.3 Valeurs limites d'émission des COV dans l'atmosphère........... 13
    II.3 Mesure des rejets des COV... 15
        II.3.1 Surveillance des rejets... 15
        II.3.2 Systèmes de contrôle de rejets... 16
III- Les techniques de traitement des COV... 16
    III.1 Techniques destructives... 18
        III.1.1 Incinération thermique récupérative et régénérative..................... 18
        III.2.2 Oxydation catalytique récupérative et régénérative...................... 19
        III.2.3 Destruction par voie biologique.. 20
    III.2 Techniques de récupération... 21
        III.2.1 Absorption.. 21
        III.2.2 Condensation.. 22
        III.2.3 Adsorption.. 22
IV- Conclusion... 25
Références bibliographiques... 26

CHAPITRE II:
Caractérisation physico-chimique des matériaux étudiés

I- Introduction... 31
II- Présentation des matériaux adsorbants étudiés.. 31
    II-1 Al_2O_3.. 31
    II-2 SiO_2.. 32
    II-3 TiO_2.. 32
    II-4 Diatomite... 32
III- Caractérisations physico-chimiques des adsorbants... 33
    III -1 Méthodes expérimentales.. 33
        III-1-1 Analyse par fluorescence X.. 33
        III-1-2 Mesures de densités (porosimètre à mercure).............................. 34
        III-1-3 Mesure de surface spécifique et de porosité................................ 34
        III-1-4 Analyse par spectroscopie infrarouge à transformée de Fourrier... 35
        III-1-5 Analyse thermogravimétrique (ATG/DTG).................................... 36
        III-1-6 Microscopie électronique à balayage.. 36
    III-2 Résultas des analyses.. 36
        III-2-1 Composition chimique des solides étudiés.................................. 36
        III-2-2 Densité (porosimètre à mercure).. 37
        III-2-3 Surface spécifique (Méthode BET)... 37
        III-2-4 Détermination de la porosité... 38
        III-2-5 Analyse par spectroscopie infrarouge à transformée de Fourrier... 42
        III-2-6 Analyse thermogravimétrique (ATG/DTG).................................... 43
        III-2-7 Microscopie électronique à balayage.. 45
IV- Conclusion... 46
Références bibliographiques... 47

CHAPITRE III:
Capacités d'adsorption et de désorption en conditions dynamiques

I- Introduction sur les techniques de détermination des quantités adsorbées... 52
II- Mesure de capacités d'adsorption et de désorption en conditions dynamiques.. 53

II-1 dispositif utilisant la spectroscopie IRTF... 54

    II-1-1 Réacteur, four et système de programmation de température.. 56

    II-1-2 Analyse de la phase gazeuse: Spectrophotomètre infrarouge à transformée de Fourrier.. 57

II-2 dispositif utilisant la chromatographie en phase gazeuse (CPG) comme système d'analyse.. 58

    II-2-1 Dispositif d'injection (Boucle d'échantillonnage)....................... 59

    II-2-2 Injecteur.. 60

    II-2-3 Colonne capillaire.. 61

    II-2-4 Détecteur à ionisation de flamme (FID)..................................... 61

    II-2-5 Système d'acquisitions des données.. 61

III- Procédure d'exploitation quantitative des spectres IRTF et des chromatogrammes.. 61

    III-1 Mesure expérimentale de capacité d'adsorption et de désorption... 64

        III-1-1 Adsorption isotherme... 65

        III-1-2 Désorption isotherme (quantité réversible)......................... 66

        III-1-3 Désorption à Température Programmée (quantité irréversible)... 66

        III-1-4 Méthode de détermination des quantités adsorbées et désorbées.. 66

        III-1-5 Modèle de courbe de percée.. 67

        III-1-6 Détermination du nombre de sites des adsorbants............ 69

        III-1-7 Détermination de temps de perçage..................................... 69

IV- Déterminations des capacités maximales... 69

    IV-1 Cas d'adsorption isotherme... 69

        IV-1-1 Adsorption du xylène sur les minerais naturels.................. 71

        IV-1-2 Adsorption du xylène sur les oxydes commerciaux............ 72

        IV-1-3 Capacités d'adsorption à différentes concentrations de l'o-xylène.. 76

        IV-1-4 Capacités d'adsorption à différentes températures d'adsorption... 78

    IV-2 Cas de désorption isotherme sous He ou N_2................................ 80

        IV-2-1 Désorption isotherme après adsorption de 3600 ppmv de xylène sur les solides étudiés à 300 K.. 80

IV-2-2.Effet de la température...	84
IV-2-3 Effet de pression partielle de l'o-xylène..............................	86
IV-3 Désorption a Température Programmée (DTP).......................	87
V- Conclusion...	90
Références bibliographiques...	92

CHAPITRE IV
Détermination d'isothermes d'adsorption de l'o-xylène

I- Introduction...	96
II- Rappels sur les aspects théoriques liés au phénomène d'adsorption..............	96
II-1 Adsorption physique..	96
II-2 Adsorption chimique..	98
II-3 Classification des isothermes d'adsorption....................................	98
II-4 Les principaux modèles d'équilibre d'adsorption.........................	99
II-4-1 Théorie de Langmuir...	100
II-4-2 Modèle de Freundlich...	102
II-4-3 Modèle de Temkin...	103
III- Comparaisons des isothermes d'adsorption (300 k) de l'o-xylène...............	104
III-1 Modélisation des isothermes d'adsorption obtenues avec les diatomites et les oxydes..	106
IV- Conclusion..	113
Références bibliographiques..	115

CHAPITRE V
Calculs des chaleurs et entropies d'adsorption

I- Introduction..	119
II- Calcul de chaleur d'adsorption...	120
II-1 Chaleur isostérique..	120
II-2 Evaluation des chaleurs d'adsorption à partir de DTP.................	123
III- Calcul de la variation d'entropie...	126
II-1 Entropie d'adsorption standard expérimentale ΔS....................	127
II-2 Entropies théoriques..	127
II-2-1 Entropie de translation d'un gaz..	127

II-2-2 Entropie de translation d'un gaz adsorbé mobile............... 128
    II-2-3 Comparaison entre valeurs expérimentales et valeurs théoriques... 128
IV- Conclusion.. 130
Références bibliographiques.. 131

Conclusion générale   133
Annexe   138
Articles publiés   144

Liste de symboles

Å	Aire standard disponible à chaque molécule
A	Aire réellement disponible à la molécule
A_a	Facteur pré-exponentiel
ATG	Analyse thermogravimétrique
BET	Brunauer Emett et Teller
$Cap_{100\%}$	Quantité totale d'adsorption
COV	Composés organiques volatils
CPG	Chromatographie en phase gazeuse
C_0	Fraction molaire initiale introduite en o-xylène
C_i	Fraction molaire en sortie de réacteur
CMO	Concentration minimale en gaz oxydant
DT	Diatomite brute
DTP	Désorption à température programmée
DT (0.5N)	Diatomite traitée par HCl(0.5N)
DT (1N)	Diatomite traitée par HCl(1N)
DT (2N)	Diatomite traitée par HCl(2N)
DT(200)	Diatomite traitée à 200°C
DT(400)	Diatomite traitée à 400°C
DT(600)	Diatomite traitée à 600°C
E^a_{ads}	Energie d'activation d'adsorption
Er(%)	Ecarts relatifs moyens
E_0	Chaleur d'adsorption à $\theta = 0$
E_1	Chaleur d'adsorption à $\theta = 1$
F	Débit molaire
FID	Détecteur à ionisation de flamme
ΔG	Variation de l'énergie libre
ΔH	Chaleur d'adsorption
$\Delta Hvap$	Chaleur de vaporisation
IRTF	Infrarouge à transformée de Fourier
K	Coefficient d'adsorption
K_0	Coefficient d'adsorption à $\theta = 0$
K_1	Coefficient d'adsorption à $\theta = 1$
k_a et k_d	Constante de vitesse d'adsorption et de désorption
LSE	Limite supérieure d'explosivité
LIE	Limite inférieure d'explosivité
m	Masse d'adsorbant placé dans le réacteur
MEB	Microscopie électronique à balayage
N	Nombre d'Avogadro
N_m	Nombre de mole à monocouche d'o-xylène
$NSir_{rév}$	Nombre de molécules irréversibles
$NS_{rév}$	Nombre de molécules réversibles
NS_t:	Nombre totales molécules ou de sites
P	Pression d'adsorbat
P_0	Pression totale
$Q_{irrév}$ ou $Cap_{irrév}$	Quantité irréversiblement adsorbée
$Q_{percée}$ ou $Cap_{10\%}$	Quantité d'adsorption de percée
Q_{tot}	Quantité du gaz adsorbé

Liste de symboles

Q_{st}	Chaleur isostérique
$Q_{rév}$ ou $Cap_{rév}$	Quantité réversiblement adsorbée
R	Constante des gaz parfaits
S_{BET}	Surface spécifique BET
S_{t3D}	Entropie de translation d'un gaz
S_{t2D}	Entropie de translation d'un gaz adsorbé mobile
ΔS_{exp}	Entropie d'adsorption
ΔS_i	Entropie d'adsorption pour une couche adsorbée immobile
ΔS_m	Entropie d'adsorption pour une couche adsorbée mobile
VLE	Valeur limite d'exposition professionnelle
VME	Valeur moyenne d'exposition professionnelle
V_a	Vitesse d'adsorption
V	Volume du lit
V_d	Vitesse de désorption
T	Température
t_a	Temps d'adsorption
T_m	Température au maximum du pic
$t_{10\%}$	Temps de percée ($t_{50\%}$) à $C_i/C_0 = 0.5$
θ	Taux de recouvrement de la surface
β	Vitesse de montée de température
σ	Surface occupée par une molécule de l'adsorbat
η	Efficacité de régénération ou de désorption
κ	Constante de vitesse
ε_{lit}	Porosité du lit

Liste des tableaux

CHAPITRE I

Tableau I-1: Caractéristiques physico- chimiques de l'o-xylène
Tableau I-2: Quelques caractéristiques toxicologiques de xylène
Tableau I-3: Valeurs limites de rejets applicables aux composés organiques volatils.
Tableau I-4: Prescriptions relatives aux composés organiques volatils: surveillance des rejets; conditions de rejets, surveillance des effets sur l'environnement
Tableau I-5: Comparaison des différentes méthodes destructives des COV et leurs principales caractéristiques
Tableau I-6: Comparaison des différentes techniques de traitement récupératives des COV et leurs principales caractéristiques

CHAPITRE II

Tableau II-1: Analyse chimique des solides utilisés (% massique)
Tableau II-2: Surfaces spécifiques selon BET de minerais diatomite brute, traité et les oxydes commerciaux
Tableau II-3: Paramètres structuraux de diatomite DT et DT (2N)

CHAPITRE III

Tableau III-1: Quelques concentrations de COV (o-xylène) préparés par le système saturateur condenseur
Tableau III-2: Attribution des bandes IR de l'o-xylène gazeux.
Tableau III-3: Comparaisons des capacités, temps de percée et totale des argiles issues des expériences de courbes de percée
Tableau III-4: Comparaisons des capacités, temps de percée et totale des oxydes issues des expériences de front de percée
Tableau III-5: Capacités d'adsorption sur les minerais à différentes concentrations d'o- xylène
Tableau III-6: Capacités d'adsorption sur les oxydes à différentes concentrations d'o- xylène
Tableau III-7: Comparaison des capacités d'adsorption sur DT, DT(2N), Al_2O_3 et TiO_2 pour un mélange contenant 3600 ppmv de l'o-xylène, en fonction de température de l'adsorption.
Tableau III-8: Capacités de désorption isothermes (300K) après adsorption de 3600ppmv de xylène sur les différents solides étudiés.
Tableau III-9: Quantités d'o-xylène désorbées à températures constantes (A): Argiles, (B): oxydes
Tableau III-10: Capacités de désorption des solides en xylène à différentes concentrations au cours de la désorption isotherme sous He à 300K
Tableau III-11: Quantités de xylène désorbées lors de DTP
Tableau III-12: Quantités de xylène totales, réversibles, irréversibles, nombre de molécules totales, réversibles et irréversibles présentés sur les solides lors de l'adsorption - désorption de 3600 ppmv de xylène à 300K

CHAPITRE IV

Tableau IV-1: quantités de l'o-xylène adsorbées à 300K sur différents solides
Tableau IV-2: Différents paramètres de linéarisation du modèle de Langmuir et de Freundlich.
Tableau IV-3: Monocouche de xylène sur les différents solides et les densités de molécules maximales de xylène adsorbées
Tableau IV-4: Valeurs de quelques capacités d'adsorption du xylène données dans la littérature

Table des illustrations

CHAPITRE V

Tableau V-1: Chaleurs d'adsorption à différents taux de recouvrement sur: Al_2O_3, TiO_2, DT et DT(2N)

Tableau V-2: Chaleurs d'adsorption à taux de remplissage nul données dans la littérature pour p-xylène et m-xylène sur les zéolithes X, Y et des charbon actifs.

Tableau V-3: Energies d'activation et températures au maximum de pic TPD de différents solides étudiés.

Tableau V-4: Données thermodynamiques (variation d'entropie) pour l'adsorption de xylène sur la diatomite brute DT.

Tableau V-5: variation d'entropie) pour l'adsorption de xylène sur la diatomite DT(2N).

Tableau V-6: variation d'entropie pour l'adsorption de xylène sur Al_2O_3.

Tableau V-7: variation d'entropie pour l'adsorption de xylène sur TiO_2.

Table des illustrations

Liste des figures

CHAPITRE I

Figure I-1: Organigrammes de différents procédés de traitement des COV présents dans des émissions gazeuses

CHAPITRE II

Figure II-1: Isothermes d'adsorption et de désorption d'azote sur la diatomite: (A1):DT(200), (B1): DT(400) et (C1): DT(600°C)
Figure II-2: Isothermes d'adsorption et de désorption d'azote sur la diatomite: (A2): DT(0.5), (B2): DT(1N) et DT(2N).
Figure II-3: Distribution des rayons et le volume de pores pour: (A1): la diatomite DT(200), (B1): DT(400) et (C1): DT(600) (■: dv/dr (cm^3/g. nm); ▲: Vp: Volume poreux cumulé(cm^3/g).
Figure II-4: Distribution des rayons et le volume de pores pour: (A2): la diatomite DT(0.5N), (B2): DT(1N) et (C2) : DT(2N) (■: dv/dr (cm^3/g. nm); ▲: Vp: Volume poreux cumulé(cm^3/g).
Figure II-5: Spectre I.R de: (a): DT et (b): DT (2N)
Figure II-6: Courbes A.T.G (1) et D.T.G (2) de: (a) DT et (b): DT (2N)
Figure II-7: Courbes A.T.G (1) et D.T.G (2) de: (d) Al_2O_3; (e): SiO_2 et (f): TiO_2
Figure II-8: Micrographies de microscope électronique à balayage: DT: (A1, A2) et DT (2N): (B1, B2).

CHAPITRE III

Figure III-1: Appareillage d'adsorption
Figure III-2: Photo du dispositif de mesure de capacités d'adsorption et désorption en isotherme ou à température programmée par la méthode dynamique.
Figure III-3: Schéma de saturateur
Figure III-4: Schéma du réacteur
Figure III-5: Photo du dispositif de mesure de capacités d'adsorption et désorption par méthode dynamique utilisant la chromatographie en phase gazeuse comme système d'analyse
Figure III-6: Appareillage d'adsorption
Figure III-7: Spectre Infrarouge de xylène gazeux
Figure III-8: Les bandes Infrarouges de l'o-xyléne (3200-2700 cm^{-1}) à différentes pressions partielles: (a)-(f); 1.25; 1.802 ; 2.72; 3.55; 4.6 et 5.86 Torr.
Figure III-9: Spectre chromatographique de l'o-xyléne
Figure III-10: Etalonnage des systèmes d'analyses (IRTF et CPG) vis-à-vis de l'o-xyléne: (A): Infrarouge à Transformée de Fourier (IRTF) et (B): Chromatographie en Phase Gazeuse (CPG)
Figure III-11: Cycle d'adsorption isotherme / désorption isotherme/ TPD de 0.36% o-xyléne/He sur Al_2O_3
Figure III-12: Evolution des bandes IR caractéristiques de xylène au cours de son adsorption sur la Diatomite (DT) à 300K; (a)-(d) 6, 14, 18 et 38 minutes.
Figure III-13: Chromatogramme obtenu lors de l'adsorption de 0.36% o-xyléne/He sur la Diatomite (DT) à 300K.
Figure III-14: Courbe de percée de mélange 0.36% xylène /He sur la diatomite (DT)
Figure III-15: Courbes de percées comparatifs lors de l'adsorption de 0.36% xylène/He sur:
　　　　　　□, 1g de DT(2N) et ○, 1g de DT; −, courbes théoriques.
Figure III-16: Comparaisons des quantités de l'o-xyléne adsorbées sur la diatomite DT et DT(2N) lors de l'adsorption de 3600 ppmv de xylène à la température ambiante.
Figure III-17: Courbes de percée comparatifs lors de l'adsorption de 0.36% xylène/He sur:
　　　　　　○, 0.5g de Al_2O_3; □, 0.5 g de TiO_2 et +, 0.1 g de SiO_2; −, courbes théoriques.
Figure III-18: Comparaisons des quantités de l'o-xyléne adsorbées sur les oxydes commerciaux lors de l'adsorption de 3600 ppmv de xylène à la température ambiante.

x

Table des illustrations

Figure III-19: courbes de percée comparatives de xylène sur les minerais, influence de concentration;
    (A1): (1g de DT); □, 1650; ×, 2370; o, 3600; ◊, 4600 ppmv
    (B1): (1g de DT(2N)); □, 1650; ×, 2370; o, 3600; ◊, 4600 ppmv
Figure III-20: *Courbes de percées comparatives de xylène sur les oxydes commerciaux, influence de concentration;*
    (A2): (0.5 g de Al_2O_3); o,1400; □,1650; ◊,2370; ×,3600 ppmv
    (B2): (0.5 g de TiO_2); o,1420; □,1650; ◊,2370; +,3600; ×,4600 ppmv
    (C2): (0.1 g de SiO_2); +,1000; ◊,1650; ×; 2370; o,3600; □,4600 ppmv
    −, courbes théoriques.
Figure III-21: *Courbes de percées comparatives de xylène sur les minerais, influence de température;*
    (A1): (1 g de DT); o, 300; □,323; +, 353 K
    (B1): (1 g de DT(2N)); o, 300; ◊, 323; +, 353 K
    −, courbes théoriques.
Figure III-22: *Courbes de percées comparatives de xylène sur les oxydes, influence de température;*
    (A2): (0.5 g de Al_2O_3); o, 300; □,323; ◊, 348; +,373 K
    (B2): (0.5 g de TiO_2); o,300; □,313; ◊, 333; +,353 K
    −, courbes théoriques.
Figure III-23: *Evolution des bandes IR caractéristiques de xylène adsorbé au cours de la désorption isotherme sous He; (a) → (e): 0, 2, 6, 16 et 28 minutes.*
Figure III-24: *Courbe de désorption isotherme de xylène adsorbé sous He sur la diatomite à une concentration de 3600 ppmv à 300K.*
Figure III-25: *Courbes de désorption isotherme sous He de xylène adsorbé (3600 ppmv) à 300K sur:*
    ×, DT(2N) et o, DT.
Figure III-26: *Courbes de désorption isotherme sous He de xylène adsorbé (3600 ppmv) à 300K sur:*
    □, SiO_2; ×, TiO_2 et o, Al_2O_3.
Figure III-27: *Courbes de désorption isotherme sous He de xylène adsorbé (3600 ppmv) à différentes températures sur:*
    (A1): DT; o, 300; □,323 et ×, 348 K
    (B1): DT(2N); □,300; o, 323 et ×, 348 K
Figure III-28: *Courbes de désorption isotherme sous He de xylène adsorbé (3600 ppmv) à différentes températures sur:*
    (A1) Al_2O_3:o, 300; ◊, 323; □, 348 et +, 373 K
    (B1) TiO_2: o, 300; ◊, 313; □;333 et +, 353 K
Figure III-29: *Courbes de désorption isotherme à 300 K sous He de xylène adsorbé à différentes concentrations sur:*
    (A1) Al_2O_3: o,1400; ◊,1650; □,2370; ×,3600 ppmv
    (B1) TiO_2: o,1400; ◊,1650; □,2370; ×,3600 ppmv
Figure III-30: *Evolution des bandes IR au cours de la désorption à température programmée (DTP) sous He de xylène préadsorbé sur DT; (a) → (e): 300, 305, 328, 354 K.*
Figure III-31: *Spectre DTP obtenues après adsorption suivi de désorption isotherme de 3600 ppmv de xylène à 300K: DT, ×, DT(2N) et −, Température*
Figure III-32: *Spectre DTP obtenues après adsorption suivi de désorption isotherme de 3600 ppmv de xylène à 300K: □, SiO_2, o, Al_2O_3, ×, TiO_2 et −, Température*

CHAPITRE IV

Figure IV-1: *Représentation schématique de l'adsorption physique d'un gaz sur un solide*
Figure IV-2: *Diagramme énergétique de l'adsorption physique*
Figure IV-3: *Classification des isothermes selon Brunauer et al Figure IV-4 : Modèle d'adsorption en monocouche*
Figure IV-5: *Isothermes d'adsorption de xylène obtenues avec différents solides à 300K:*
    ■, Al_2O_3; ●, TiO_2, +, SiO_2, ♦,DT; ×, DT(2N).

Table des illustrations

Figure IV-6: *Isothermes d'adsorption de xylène obtenues à différentes températures sur:*
Al_2O_3: ■, 300; ●, 323; +, 348 et ♦, 373 K
TiO_2: ■, 300; ●, 313; +; 333 et ♦, 353 K
SiO_2: ■, 300 K
DT: ■, 300; ●,323 et ♦, 348 K
DT(2N): ■, 300; ●323 et ♦ 348 K
(—): Langmuir; (…:) Temkin; (-.-.): Freundlich

Figure IV-7: *Représentation de l'équation de Langmuir $1/N=f(1/P)$ pour l'adsorption de l'o-xylène à différentes températures par:*
Al_2O_3: ■, 300; ●, 323; +, 348 et ♦, 373 K
TiO_2: ■, 300; ●, 323; +, 348 et ♦, 373 K
SiO_2: ■, 300 K
DT et DT(2N): ■,T=300; ●,T=323; ♦,T=348 K.

Figure IV-8: *les capacités d'adsorption à saturation des différents solides vis à vis de xylène estimer à partir de modèle de Langmuir*

CHAPITRE V

Figure V-1: *Détermination de la chaleur isostérique d'adsorption d'o-xylène par par les minerais diatomites et les oxydes métalliques à différents taux de recouvrement:*
DT: ■, θ=0.25; ×, θ=0.36; ●, θ=0.47.
DT(2N) ■,θ=0.2; ×, θ=0.29; ●, θ=0.39
Al_2O_3: ●, θ=0.25; ■, θ=0.35; +, θ=0.47.
TiO_2: ●, θ=0.29; ■, θ=0.35; +, θ=0.4.

Figure V-3: *la chaleur d'adsorption de xylène par:* ×, DT; ●, DT(2N); +, TiO_2 et ♦, Al_2O_3.

Figure V-4: *Spectre DTP après adsorption - désorption isotherme de 3600 ppmv de xylène à 300K: DT, ×, DT(2N) et −, Température*

Figure V-5: *Spectre DTP après adsorption-désorption isotherme de 3600 ppmv de xylène à 300K:*
□, SiO_2, ○, Al_2O_3, ×, TiO_2 et −, Température

Introduction générale

Introduction générale

Les composés organiques volatils (COV) constituent une des familles de polluants de l'air pouvant se trouver dans certains effluents gazeux et/ou dans l'atmosphère des locaux industriels. En raison des effets néfastes qu'ils peuvent générer sur les personnes et l'environnement [1-2], la réduction de leur émission est devenue une des préoccupations majeures des industriels et des autorités chargées de la réglementation environnementales, en particulier dans les pays industrialisés. Ceci a conduit à la mise au point de normes très strictes de rejets pour assurer un niveau élevé de protection de la santé et de l'environnement.

Au Maroc, des projets de normes de qualité de l'air en milieu professionnel et des rejets des effluents dans l'atmosphère se trouvent dans un stade très avancé [3-5]. La mise en conformité au regard des normes actuelles et futures impose d'abord la maîtrise des procédés et la nécessité d'incorporer la dimension environnementale dans toute planification industrielle. Toutefois, dans certains cas, la mise en place de technologies de traitement et de recyclage, en particulier, dans le cas des COV impose des solutions bien adaptées.

Le traitement des rejets gazeux contenant les COV par l'adsorption sur solides poreux suivi d'une désorption est parmi les procédés les plus rentables en terme de rapport performance/coût [6]. Ceci offre la possibilité de récupération de solvants en particulier quand leurs coûts et les quantités traitées le justifient. Pour ceci, les charbons actifs [7-9], les zéolithes et plus récemment les polymères [10-12] sont essentiellement utilisés en raison de leur grande surface spécifique et leur porosité élevée. Il est à signaler toutefois que, ces matériaux posent des problèmes de sécurité en atmosphère oxydante et peuvent donner lieu à des élévations locales importantes de température [13] lorsqu'ils sont chauffés en vue de régénération. D'autre part, les zéolithes sont en moyenne dix fois plus chères et vulnérables à la présence de l'humidité.

La recherche d'alternative utilisant des adsorbants incombustibles et facilement régénérables par désorption à basse température d'une part, et d'autre part, le souci de valorisation de matériaux naturels dans des technologies à valeur ajoutée, nous a orienté vers l'étude des solides à base de minerais locaux de type diatomite.

Nous avons pris le cas d'un composé organique volatil de type o-xyléne pris comme COV modèle pour contribuer à l'étude d'une problématique industrielle locale. Le xylène est fortement utilisé en particulier dans une cabine d'imprégnation où il est émis à une température de l'ordre de 150°C. Le choix de la diatomite a été fait en raison de ses propriétés texturales, morphologiques, ainsi que les résultats prometteurs obtenus lors de son application en catalyse hétérogène [14-15] ou comme filtre pour le traitement des effluents liquides [16-18].

Le sujet traité dans ce travail porte sur l'évaluation des performances d'une diatomite provenant du Rif Marocain, en termes d'adsorption et de désorption du xylène. Pour ceci, nous avons développé une approche expérimentale basée sur le traitement quantitatif des spectres infrarouge enregistrés dans des conditions dynamiques (sous flux gazeux à la pression atmosphérique), qui a conduit à l'établissement de courbes de percées. La pertinence de ces résultats a été vérifiée par chromatographie en phase gazeuse. L'approche a permis également de quantifier les fractions adsorbées de manière réversibles et irréversibles. La capacité totale adsorbée obtenue avec différentes concentrations de xylène (pressions partielles) a permis l'établissement des isothermes d'adsorption. La modélisation des ces derniers a conduit à une estimation des chaleurs d'adsorption isostérique et leur comparaison à celles obtenues à partir des expériences de désorption à température programmées (DTP).

Ces aspects seront traités dans le présent manuscrit qui est organisé en cinq chapitres:

Le chapitre I sera consacré aux différents aspects liés à l'utilisation du xylène dans l'industrie, en particulier les aspects sécuritaires et toxicologiques. Nous soulignons les effets néfastes posés par les rejets dans l'atmosphère ou dans les locaux de travail ainsi que les réglementations qui régissent leur émission. Par la suite, seront abordés les différentes méthodes d'abattement de COV, aussi bien les techniques destructives, tels que l'oxydation thermique, catalytique ou biologique, ou récupératives, tels que l'absorption, l'adsorption, et la condensation, en essayant de justifier le choix de la technique à base d'adsorption abordée dans ce travail.

Dans **le chapitre II**, après avoir donné un aperçu sur les solides étudiés, nous présenterons les différentes techniques de caractérisation utilisées. Par la suite, nous donnerons les résultats obtenus avec l'analyse thermique (ATG/DTG), adsorption désorption de N_2 à 77K, surfaces spécifiques (BET), spectroscopie infrarouge à transformée de Fourier (IRTF), MEB et fluorescence X. Nous mettrons l'accent, en particulier, sur l'effet de l'activation de la diatomite sur les propriétés texturales et superficielles.

Dans le chapitre III nous décrirons l'approche expérimentale développée dans ce travail pour évaluer les performances des solides vis-à-vis de l'adsorption et de la désorption en conditions dynamiques (sous flux gazeux à la pression atmosphérique), utilisant différents systèmes d'analyse tels que la spectroscopie infrarouge à transformé de Fourier (IRTF) et la chromatographie en phase gazeuse équipée d'un détecteur à ionisation de flamme (FID). Par la suite, nous donnerons les différents résultats obtenus par des expériences d'adsorption isotherme concernant la détermination des capacités totales d'adsorption à partir de courbes de percées. Ceci sera suivi par une désorption isotherme (efficacité de régénération, fraction réversible) puis une désorption à température programmée (fraction irréversible). Par la suite, nous mettrons en évidence l'effet de la variation de pressions partielles de xylène et de la température d'adsorption sur l'adsorption de xylène.

Dans **le chapitre IV**, nous rappellerons quelques aspects théoriques fondamentaux du phénomène d'adsorption, les isothermes d'adsorption les plus utilisées, leur classification et les lois couramment employées pour représenter les équilibres d'adsorption. Enfin, nous traiterons les différentes données expérimentales de l'adsorption de l'o-xylène sur les minerais diatomite et les oxydes métalliques. Ces résultats seront corrélées à des modèles mathématiques et ce en vue de rechercher ceux qui représentent le mieux les isothermes d'adsorption expérimentales dans le domaine de pressions partielles de xylène et de températures étudiées. Ceci nous a permis d'évaluer un ordre de grandeur de la valeur de la monocouche qui sera comparé à la valeur expérimentale de la capacité maximale d'adsorption.

Un des paramètres relevant d'une grande importance d'un point de vue industriel est la chaleur d'adsorption. Ceci permet de contribuer au dimensionnement des installations de régénération du solide adsorbant et/ou de récupération de solvant. **Le chapitre V** sera consacré à la détermination de l'ordre de grandeur de chaleur d'adsorption. Nous avons cherché à déterminer la chaleur isostérique à partir de l'équation Clausius Clapeyron puisque les phénomènes d'adsorption mis en jeu sont essentiellement à base de physisorption, ceci se fait généralement en considérant le modèle le plus représentatif des phénomènes étudiés à un taux de recouvrement donné. Les valeurs obtenues dans ce travail ont été comparées à celles calculées à partir des expériences de désorption à température programmée (DTP).

Ce manuscrit se terminera par une conclusion générale retraçant, l'essentiel des résultats essentiels obtenus avec des perspectives pour la suite du présent travail.

Références bibliographiques

[1] ADEME, La Réduction des Emissions de Composés Organiques Volatils dans l'Industrie, (1997)

[2] Le Cloirec, P, Les Composés Organiques Volatils (COV) dans L'Environnement, Lavoisier, TEC & DOC, Paris (1998)

[3] Rapport sur l'Etat de l'Environnement du Maroc; Observatoire National de l'Environnement du Maroc, Octobre (2001)

[4] Service de l'Air & Laboratoire National de l'Environnement- Secrétariat d'Etat Chargé de l'Environnement; Pollution atmosphérique au Maroc (2002)

[5] Secrétariat d'Etat Chargé de l'Environnement; Projet de gestion de l'environnement - lot 1, code de l'Environnement (1999)

[6] F. J. Lopez-Garzon, I. Fernandez-Morales, C. Moreno-Castilla, M. Domingo-Garcia, Adsorption and its applications in industry and environmental protection, in: A. Dabrowski (Ed.), Studies in Surface and Catalysis, vol. 120, Part B, Elsevier, Amsterdam, (1998) 397.

[7] M. Suzuki, Carbon 32 (1994) 577

[8] J. Benkhedda, J. N. Jaubert, D. Barth. J. Chem. Eng. Data. 45 (2000) 650

[9] N. Kawasaki, H. Kinoshita, T. Oue, T. Nakamura, S. Tanada, J. Colloid Interface Sci. 275 (2004) 40

[10] C. K. W. Meininghaus, R Prins, Micropor. Mesopor; Mater. 35-36 (2000) 349

[11] J. Pires, A Carvalho, M B. de Carvalho, Micropor. Mesopor. Mater. 43 (2001) 277

[12] Y. Takeuchi, H. Iwamoto, N. Miyata, S. Asano, M. Harada, Separ. Technol. 5 (1995) 23

[13] S. W. Blocki, Hydrophobic zeolite adsorption: A proven advancement in solvent separation technology. Environ. Prog. 12 (1993) 226

[14] E. Hilali and M. Nataf, Mines Géol 1970 (31) 20

[15] J. M. West, Minerals and fuels, US Bureau of Mines, New York, I-II (1968) 495

[16] A. Ridha, H. Aderdour, H. Zineddine, M. Z. Benabdallah, M. El Morabit, A. Nadiri, Ann. Chim. Sci. Mat. 23 (1998) 161

[17] K. Agdi, A. Bouaid, A. Martin Esteban, P. Fernandez Hernando, A. Azmani, C. Camara, J. Environ. Monit.,2 (2000) 420

[18] H. Sahraoui, S. Abouarnadasse, N, Allali, Phys. Chem. News. 7 (2002) 110

CHAPITRE I
Le xylène dans l'industrie : Aspects toxicologiques, réglementaires et techniques de dépollutions

Ce chapitre rappelle quelques caractéristiques des composés organiques volatils (COV) en particulier les aspects liés à l'utilisation du xylène dans l'industrie, tels que les problèmes de sécurité et de toxicologie posés par sa présence dans l'atmosphère des locaux de travail et les réglementations limitant son rejet. Nous donnerons également un aperçu sur les différentes techniques de traitement des COV, en présentant les raisons du choix d'une technique à base d'adsorption et de désorption.

Chapitre I: Le xylène dans l'industrie, aspects toxicologiques, réglementaires et techniques de dépollution

SOMMAIRE

I- Introduction..	8
II- Les composés organiques volatils...	8
II.1. Caractéristiques d'un COV type xylène..	9
II.1.1 Propriétés physico-chimiques..	9
II.2 Utilisation du xylène en industrie et principales sources d'exposition...	10
II.2.1 Risques liés au xylène...	10
II.2.2 Les limites d'inflammabilité de l'o-xylène (sécurité)..................	11
II.2.3 Toxicité de xylène en lieux de travail et valeurs limites d'expositions professionnelles..	12
II.2.3.1 Toxicité...	12
II.2.3.2 Valeurs limites d'expositions professionnelles..............	13
II.2.3.3 Valeurs limites d'émission des COV dans l'atmosphère	13
II.3 Mesure des rejets des COV..	15
II.3.1 Surveillance des rejets...	15
II.3.2 Systèmes de contrôle de rejets..	16
III- Les techniques de traitement des COV..	16
III.1 Techniques destructives...	18
III.1.1 Incinération thermique récupérative et régénérative...............	18
III.2.2 Oxydation catalytique récupérative et régénérative................	19
III.2.3 Destruction par voie biologique..	20
III.2 Techniques de récupération...	21
III.2. 1 Absorption...	21
III.2.2 Condensation..	22
III.2.3 Adsorption..	22
IV- Conclusion...	25
Références bibliographiques...	26

I- Introduction

La pollution atmosphérique est devenue une des préoccupations majeures des populations et des pouvoirs publics. Parmi les polluants, les composés organiques volatils se distinguent par leur impact négatif sur la santé et sur l'environnement. Ceci est dû aux effets directs et/ou indirects liées à leur rôle de précurseurs de la pollution photochimique caractérisée par O_3 [1-3]. Les sources d'émissions proviennent essentiellement de l'utilisation des solvants dans les industries pétrochimique et alimentaire, la sidérurgie, la manutention, le traitement des déchets et le transport. Pour limiter cette pollution, des normes sont régulièrement mises en place pour assurer un niveau élevé de protection de la santé et de l'environnement.

Le xylène est fortement utilisé comme solvant dans certains procédés de production de la région de Tanger. En raison de sa volatilité, les vapeurs de ce solvant risquent de porter préjudice à la qualité de l'air si les précautions nécessaires ne sont pas prises. Une fois libéré dans l'atmosphère, il présente un danger sur l'environnement à cause de sa toxicité reconnue sur l'écosystème. Pour ces raisons, nous avons choisi l'o-xylène dans cette étude comme composé organique modèle représentatif des COV.

Dans ce chapitre, nous rappelons quelques propriétés physico-chimiques de l'o-xylène, les problèmes posés par son rejet dans l'atmosphère et sa présence dans l'atmosphère des locaux de travail et les techniques de traitement utilisées.

II- Les Composés organiques volatils (COV)

Selon la définition générale donnée par l'arrêté ministériel Français du 29 mai 2000, les composés organiques volatils regroupent tous les composés qui, à l'exception du méthane, contenant du carbone et de l'hydrogène, ce dernier pouvant être, partiellement ou totalement substitué par d'autres atomes (halogènes, oxygène, soufre, phosphore ou azote) à l'exception des oxydes de carbone et des carbonates, et qui se trouvent à l'état gazeux ou de vapeur dans les conditions de fonctionnement de l'installation [4]. La directive européenne du 11 mars 1999 relative aux émissions de COV complète cette définition: les COV sont définis comme tout composé organique ayant une pression de vapeur supérieure ou égale à 0,01 kPa à 20°C ou ayant une volatilité identique dans les conditions particulières d'utilisation [5].

II-1- Caractéristiques d'un COV type xylène

II.1.1 Propriétés physico-chimiques

Le xylène est un liquide incolore, d'odeur caractéristique agréable, perceptible à l'odorat à des concentrations de l'ordre de 1 ppm. Il est pratiquement insoluble dans l'eau (0.02% en poids à 25°C), mais miscible à la plupart des solvants organiques [6]. C'est un composé organique volatil à température ambiante, monocyclique et constitué de deux groupes méthyles liés à un cycle benzénique (formule: $C_6H_4(CH_3)_2$). Il existe trois isomères possibles de xylène: l'orthoxylène, le méta xylène et le para xylène (COV).

o-xylène   m-xylène   p-xylène

Le xylène est obtenu à partir de matières premières brutes issues du pétrole, de l'huile lourde et brut par reformage catalytique ou par craquage pyrolytique. De petites quantités peuvent également être obtenues à partir des huiles légères de cokéfaction du charbon [7]. La séparation entre les différents isomères du xylène, ethylbenzène et les autres composés aromatiques dans les procédés de fabrication s'effectuent par distillations successives.

Les principales caractéristiques physico-chimiques de l'o-xylène sont détaillées dans le tableau I-1.

Tableau I-1: Caractéristiques physico- chimiques de l'o-xylène [8-14]

ADSORBAT	O-XYLENE
Origine	Sigma- Aldrich
Formule brute	C_8H_{10}
Masse molaire (g.mol^{-1})	106.17
Moment dipolaire μ (D)	0.62
Masse volumique (g.cm^{-3})	0.87
Densité de vapeur (air=1)	3.7
Point d'ébullition (°C)	143-145
Température d'auto inflammation (°C)	464
Constantes de l'équation de pression (Log_{10}, mmHg)	A= 6.99891 B= 1474.679 C= 213.69
Température critique (K)	623
Pression critique (MN/m^2)	3.55
$\Delta_{vap}H$ (kCal/mol)	10.381
$\Delta_{vap}S$ (Cal/°C.mol)	34.818

II-2 Utilisation du xylène en industrie et principales sources d'exposition

Avec une production mondiale d'environ 22 500 kilotonnes par an et une consommation annuelle de l'ordre de 16000 kilotonnes [15], le xylène est l'un des plus importants produits chimiques utilisés dans l'industrie.

Les principales utilisations du xylène dans différents secteurs professionnels sont [9, 11,16]:
- Fabrication de peintures, vernis, colles, encres d'imprimerie, adhésifs des produits, et utilisation dans les produits de friction,... etc; fabrication de produits nettoyants, dégraissants et décapants;
- Matière première dans l'industrie du plastique (fabrication de plastifiants pour PVC ainsi que pour la fabrication de résines polyester insaturées); solvant de préparations antiparasitaires, préparation d'insecticides et de matières colorantes.
- Industrie du caoutchouc
- Industrie des produits pharmaceutiques, des parfums... etc.
- Additif dans certains carburants pour en améliorer l'indice d'octane

Les isomères interviennent dans la synthèse organique pour la fabrication de l'anhydride phtalique (o-xylène), de l'acide isophtalique. Par ailleurs, le xylène est un constituant de certains carburants et solvants pétroliers. Il est également employé dans les laboratoires d'histologie pour dissoudre la paraffine lors de la préparation des tissus à l'examen microscopique.

Les principales sources d'exposition environnementale du xylène sont les stations-service, les raffineries et les industries chimiques utilisant le xylène comme solvant ou comme intermédiaire chimique. La plus grande partie du xylène (99,68 %) libéré dans l'environnement se retrouve dans l'atmosphère (ATSDR, 1995). Cependant, le secteur industriel n'est pas le seul responsable. Il y a aussi la combustion non industrielle, le transport et l'incinération.

II-2-1 Risques liés au xylène

Les risques associés à l'utilisation du xylène dans l'industrie concernent les aspects: sécurité, toxicité et environnement.

- Les aspects sécurité concernent les problèmes d'inflammabilité caractérisés par le point éclair et les limites inférieures et supérieures d'explosivité.

- Les aspects toxicité sont liés aux valeurs limites d'expositions professionnelles c-à-d les concentrations acceptables sur les lieux de travail (VLE et VME).

- le dernier aspect est lié aux différentes réglementations et normalisations des émissions de COV dans l'environnement.

II-2-2 Les limites d'inflammabilité de l'o-xylène (sécurité)

Le xylène est un composé organique volatil classé comme produit inflammable, une fois mélangé avec certaines proportions d'oxygène (ou d'air). L'inflammabilité de xylène fait appel à la notion de point d'éclair correspondant à la température minimale à laquelle, un produit émet suffisamment de gaz inflammable capable de s'enflammer momentanément en présence d'une source d'inflammation. Le point d'éclair de l'o-xyléne à la pression atmosphérique est de l'ordre de 27 °C [10].

La LIE (limite inférieure d'inflammabilité) de l'o-xylène dans l'air sous la pression atmosphérique au voisinage de la température ambiante est de 1% alors que sa LSE (limite supérieure d'inflammabilité) est de 6%. Donc l'o-xylène peut s'enflammer dans l'air à des concentrations comprises entre 1 et 6 % [10]. A une concentration de vapeur de l'o-xylène inférieur à 1% le mélange est trop pauvre pour brûler et à une concentration supérieure à 6% devient trop riche. Si le mélange gazeux contient également un gaz diluant inerte, il existe une concentration minimale en gaz oxydant (CMO) tel que l'O_2 au-dessous de laquelle le mélange gazeux n'est plus inflammable. La concentration minimale en oxygène dans les mélanges oxygène + azote (CMO), permettant la combustion de xylène à température et pression ambiante peut donc être déduite de la LIE dans l'air

Un mélange gazeux est donc inflammable si la concentration volumique en carburant est comprise entre la limite inférieure d'explosivité (LIE) et la limite supérieure d'explosivité (LSE) et si la concentration volumique en gaz comburant est supérieure à la concentration minimale en gaz oxydant (CMO) permettant la combustion. La CMO pour la combustion avec l'azote comme gaz inerte peut donc être déduite de la LIE dans l'air.

La réaction de combustion de xylène est: $\quad C_8H_{10} + 10.5\ O_2 \rightarrow 8CO_2 + 5H_2O$

La LIE est de 1 % (vol) o-xylène dans l'air. La concentration minimale en gaz oxydant (CMO) en général l'o-xygéne O_2 sera [17]: CMO = 1× 10,5 = 10.5 %(vol)

Parfois, les limites d'inflammabilité des hydrocarbures peuvent être estimées à partir les équations (I-1) et (I-2) ci après [18-19].

$$\text{LIE} = 0.55 \cdot C_{st} \qquad (I\text{-}1)$$

$$\text{LSE} = 3.5 \cdot C_{st} \qquad (I\text{-}2)$$

Avec: 0.55 et 3.5 sont des constantes et C_{st} est la concentration stoechiométrique, qui peut être exprimé en % en volume de carburant dans l'air selon l'équation (I-3):

$$C_{st} = (21/(0.21+Z)) \qquad (I-3)$$

Z est le nombre de moles nécessaire pour la combustion complète d'une mole de l'o-xylène selon la réaction suivante: $C_8H_{10} + 10.5\ O_2 \rightarrow 8CO_2 + 5H_2O + \Delta H$

Les coefficients de 21 et 0.21 dans l'équation (I-3) sont basés sur la concentration de O_2 dans l'air. Par conséquent, en augmentant la concentration de O_2, les deux coefficients doivent être changé par des valeurs plus élevées, comme par exemple 30 et 0.3.

Selon la réaction de combustion ci-dessus, Z est égale à 10.5 avec C_{st} correspondant à 1.96, donc les LIE et LSE de l'o-xylène dans les conditions normales de pression (1 atm) et de température (0°C) donnent des valeurs théoriques respectivement égales à 1 et 6%.

La LIE est en général exprimée en poids ($mg.m^{-3}$) LIE (o-xylène = 47 g/m^3) ou en volume (ppm = parties par million) o-xylène = 10000 ppm). La correspondance entre les valeurs exprimées dans les deux unités de mesure est donnée par la formule suivante:

$$C_m = C_v \times M/V$$

avec: C_v: Concentration volumique (ppm); C_m: Concentration massique en $mg.Nm^{-3}$ la valeur en $mg.m^{-3}$; V= Volume molaire dans les conditions normales et M: masse molaire du composé (g/mole).

II-2-3 Toxicité de xylène en lieux de travail et valeurs limites d'expositions professionnelles

II-2-3-1 Toxicité

Le xylène présente une toxicité qui peut être aigue et/ ou chronique sur la santé humaine en fonction de degré d'exposition. La toxicité aiguë réfère à une exposition de courte durée à des concentrations élevées alors que la toxicité chronique se rapporte à une exposition de longue durée à de faibles concentrations. L'exposition aigue par inhalation du xylène se traduit par des troubles respiratoires, cardiovasculaires et neurologiques [20]. Des troubles neurologiques se traduisant par des maux de tête, des nausées, des étourdissements, de l'ataxie, de l'asthénie, des vomissements de la narcose, de la confusion, une augmentation du temps de réaction, de l'insuffisance hépatique et rénale [20-22]. Des effets neurologiques peuvent être induire lors de l'exposition chroniques à des faibles doses aux vapeurs de xylène tels que la fatigue, l'anxiété, la dépression du système nerveux central, la sensation d'ébriété, les troubles de l'équilibre [23-25].

II-2-3-2 Valeurs limites d'expositions professionnelles

En milieu professionnel, l'exposition au xylène peut se faire par voie respiratoire ou par voie cutanée. Ceci a conduit à la mise en place de réglementation visant une protection efficace en milieu professionnel [26]. Ces normes donnent les valeurs limites d'exposition (VLE et VLM). La VME est la concentration moyenne maximale admissible, pondérée pour 8 heures/jour et 40 heures/semaine de travail. Elle vise à protéger la santé des travailleurs [26-27]. La VLE est la concentration moyenne maximale pouvant être atteinte pendant au plus 15 mn, et vise essentiellement à prévenir les effets toxiques aigus immédiats ou à court chez les travailleurs.

Le tableau I-2 donne quelques caractéristiques toxicologiques de xylène, ainsi que la valeur moyenne et limite d'exposition (VME) et (VLE).

Tableau I-2: Quelques caractéristiques toxicologiques de xylène [26, 28]

	volatilité	Pénétration percutanée	Pouvoir irritant	Pouvoir narcotique	$VME^{(a)}$ $VLE^{(a)}$ ($ppm/mg/m^3$) France	$VME^{(b)}$ $VLE^{(b)}$ ($ppm/mg/m^3$) UE	$TLV\text{-}TWA^{(b)}$ $TLV\text{-}STEL^{(b)}$ (ppm) Etats-unis	LDO (ppm)	DIVS ($ppm/mg/m^3$)
xylène	+	++ à +++	+	++	100 / 434 150 / 651	50/221 100/442	100 150	20	900 / 3900

LDO: Limite de détection olfactive; DIVS danger immédiat pour la vie ou la santé
TLV (Threshold Limit Values): Concentrations des substances dans l'air auxquelles les travailleurs peuvent être exposés jour après jour sans effet défavorable; TLV-TWA: TWA pour (Time Weighted Average): valeurs moyennes pondérées pour une durée de travail de 7 à 8 heures par jour et de 40 heures par semaine; TLV-STEL (STEL pour Short Temp Exposure Limit): ce sont les valeurs pour lesquelles l'exposition ne doit pas durer plus de 15 minutes, ni se répéter plus de 4 fois par jour, ni se reproduire avant un délai minimal d'une heure.
+: peu élevé, ++: élevé, +++: très élevé

II.2.3.3 Valeurs limites d'émission des COV dans l'atmosphère

En raison de l'impact sur la santé humaine et sur l'environnement, les COV, liés à l'utilisation de solvants dans l'industrie font l'objet d'une législation de plus en plus stricte au niveau européen par JORF en France [4]; TA-Luft en Alemagne, NER 92 aux Pays –Bas et la LRV en Suisse; (Directive du conseil européen du 11 Mars 1999 [5]) et au niveau international par différentes conventions et protocoles (Genève, Kyoto,...) imposant tous les secteurs d'activités utilisateurs de solvants et/ou émetteurs de COV à respecter des valeurs limites d'émission (VLE). Selon la définition la plus populaire, la VLE est la quantité maximale d'un composé organique spécifique ou d'un ensemble de composés organiques contenus dans les effluents gazeux émis par une installation, à ne pas dépasser dans les conditions normales de fonctionnement (c -à -d pendant

Chapitre I: Le xylène dans l'industrie, aspects toxicologiques, réglementaires et techniques de dépollution

toutes les périodes de fonctionnement à l'exception des démarrages et arrêts de l'installation, des périodes de maintenance et de panne des équipements.

D'un point de vue opérationnel, les différentes réglementations internationales visant généralement à limiter les flux d'émission ont adopté une classification des COV selon le débit massique horaire (kg/h). Par ailleurs, une distinction est faite entre les différents composés organiques selon leurs effets: Certains sont reconnus comme ayant un fort potentiel photooxydant (annexe III de l'arrêté du 29 mai 2000 [4], d'autres sont reconnus comme substances cancérigènes (annexes IVa à IVd) et ceux qui sont identifiés par certaines phrases de risque R (dont la toxicité). La liste des composés visés dans les annexes III et IV est donnée à la fin de ce chapitre. Les composés n'appartenant pas à ces catégories de composés constituent le cas général (inclus le xylène).

Les valeurs limites de rejets établit par la communauté européenne (en particulier la France) pourront servir pour se rendre compte de l'impact des COV en attente de l'application des projets de normes marocaine. Le tableau I-3 regroupe les normes de rejets des COV en France selon leur toxicité et sont exprimés en flux et en concentration [4-5]. Ceci est donné avec plus de détail en annexe.

Tableau I-3: Valeurs limites de rejets applicables aux composés organiques volatils.

Type de COV	Valeurs limites de rejets pour les composés organiques volatils	
	Débit massique horaire total	Valeur limite de la concentration de l'ensemble de composés par rejet canalisable
CAS GENERAL (exception faite de CH_4)	> 2 kg/h sur l'ensemble du site	- 110 mg/Nm^3 - le cas d'utilisation de l'incinération 20 mg/Nm^3 ou 50 mg/Nm^3 si le rendement d'épuration est > 98 %
Cas des composés visés à l'annexe III	> 0.1 kg/h sur l'ensemble du site	20 mg/Nm^3
Cas d'un mélange de composés visés et non visés à l'annexe III		20 mg/Nm^3 pour les composés visés à l'annexe III et 110 mg/Nm^3 pour le total
Cas des substances cancérigènes visées à l'annexe IV Ia IVb IVc IVd	> 0,5 g/h > 2 g/h > 5 g/h > 25 g/h Sur l'ensemble du site	Valeur limite fixée par l'arrêté préfectoral
COV à phrases de risques R45, R46, R49, R60, R61	≥ 10g/h	2 mg/m^3
COV halogénés R40	≥ 100 g/h	20 mg/m^3

II-3 Mesure des rejets de COV

II-3-1 Surveillance des rejets

Toute action en matière de prévention et de maîtrise de pollution exige une bonne connaissance des rejets et de leurs effets sur l'environnement. Pour cela la caractérisation, la quantification et la surveillance des émissions de polluants sont nécessaires. Lorsque le flux de polluants émis à l'atmosphère dépasse les limites en concentration (ou en flux) (voir tableau I-4), la mise en place par l'industriel d'un programme de surveillance des émissions est indispensable. Les paramètres de surveillance (fréquence, contrôles continu ou périodique; conditions de prélèvements) et présentation des résultats sont décrit dans le tableau 4

Tableau I-4: Prescriptions relatives aux composés organiques volatils: surveillance des rejets; conditions de rejets, surveillance des effets sur l'environnement

	Surveillance des rejets		Conditions des rejets	Surveillance des effets sur l'environnement
	Surveillance continue	Surveillance périodique		Surveillance de la qualité de l'air
Cas général (exception de CH_4) Débit massique horaire en Kg/h	> 15 ou 10 kg/h si un équipement d'épuration des gaz chargés en COV est nécessaire	2→20	>150	>150
Cas des composés visés à l'annexe III ou présentant une phrase de risque R45, R46, R49, R60 ou R61, ou les composés halogénés présentant une phrase de risque R40, Débit massique horaire en Kg/h	>2	0.1→2	>20	>20

Les points de prélèvements d'échantillon et les points de mesure (débit, température, concentration) doivent être prévus, aisément accessibles et implantés dans une section dont les caractéristiques permettent de réaliser des mesures représentatives.

Les conditions de mesure doivent permettre de respecter les normes en vigueur, notamment en ce qui concerne les caractéristiques des sections de mesure: emplacement (longueurs droites sans obstacles suffisantes, en amont et en aval, effluent suffisamment homogène), équipement, zone de dégagement.

Chapitre I: Le xylène dans l'industrie, aspects toxicologiques, réglementaires et techniques de dépollution

Si les émissions s'effectuent par une cheminée, sa hauteur (différence entre l'altitude du débouché à l'air libre et l'altitude moyenne du sol à l'endroit considéré) exprimée en mètres est déterminée, d'une part, en fonction du niveau des émissions de polluants à l'atmosphère, d'autre part, en fonction de l'existence d'obstacles susceptibles de gêner la dispersion des effluents gazeux. Cette hauteur, qui ne peut être inférieure à 10 m, est fixée par l'arrêté d'autorisation français conformément aux articles 53 à 56 [4] ou déterminée, en fonction, des résultats d'étude des conditions de dispersion de polluants adaptée au site. Cette étude est obligatoire pour les rejets qui dépassent des valeurs de 150 kg/h de composés organiques ou 20 kg/h dans le cas de composés citées dans l'annexe III [4].

II-3-2 Systèmes de contrôle de rejets

Les émissions de COV dans l'atmosphère peuvent être estimées, dans certains cas, au moyen de bilans de matières utilisant des facteurs d'émission. Cependant, il est fréquemment nécessaire de mesurer ces émissions, notamment pour les contrôler, et optimiser le fonctionnement d'installations d'épuration afin de répondre aux exigences réglementaires.

Les méthodes de mesure sont en général basées sur des analyses FID (détecteur à ionisation de flamme) ou par Chromatographie en phase gazeuse couplée à la spectrométrie de masse (CG-SM). Cette technique s'est avéré performante puisqu'elle permet le dosage et l'identification automatique de tous les COV émis à des valeurs pouvant être inférieurs à 0.1 ppb. Il convient également de signaler l'apparition récente sur le marché d'analyseurs susceptibles de réaliser des mesures spécifiques de certains COV. Ces appareils, qui procèdent à une détermination très fine des spectres d'absorption de rayonnement infrarouge ou ultraviolet (appareils FTIR, DOAS), paraissent très intéressants.

III– Les techniques de traitement de COV

La stratégie de réduction des COV émis par les activités industrielles nécessite une démarche structurée qui comprend deux grandes étapes [29-30]:

1. l'identification des composés organiques émis et la réalisation d'un bilan matière dans l'entreprise. Cette première étape permet notamment l'identification de l'ensemble des opérations conduisant l'émission de COV dans l'entreprise. Elle nécessite également la quantification des émissions et, en particulier, des émissions diffuses, de manière à pouvoir classifier les sources et orienter les choix vers les procédés de réduction les mieux adaptés.

2. La recherche d'une méthode de réduction s'orientera en priorité vers des technologies propres, permettant de prévenir et d'éviter à la source les émissions de COV [31]. Ces solutions sont en général adoptées lors d'un renouvellement d'installation mais elles peuvent être également étudiées au cas par cas pour les systèmes existants. Il peut s'agir:

- Soit d'une optimisation ou modification de procédé de production existant comme le confinement des machines, ou l'amélioration du rendement des techniques d'application des produits à base de solvants (peintures, encres,...).

- soit d'une action sur les matières premières, qui peut se traduire par la suppression des solvants ou leur substitution (peintures, encres à base aqueuse).

Si ces solutions préventives ne sont pas envisageables pour des raisons techniques ou économiques, il faut s'orienter vers des solutions comportant une collecte suivie de traitement de COV contenu dans l'air. Dans ce dernier cas, comme montré dans le diagramme suivant (figure I-1) deux procédés sont employés [32]: des procédées récupératifs (au sens de la récupération matière) parmi lesquelles l'absorption, l'adsorption, la condensation et des procédés destructifs comprenant le traitement biologique, l'oxydation thermique et l'oxydation catalytique.

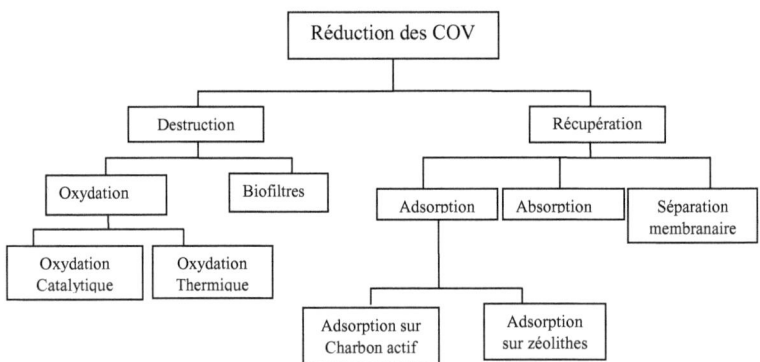

Figure I-1: Organigrammes de différents procédés de traitement des COV présents dans des émissions gazeuses [34].

La détermination du meilleur procédé de traitement exige donc une analyse détaillée pour chaque cas. Les différentes techniques, leurs caractéristiques et leurs performances, sont décrites plus explicitement dans les paragraphes suivants.

III-1 Techniques destructives

Les techniques de destruction sont utilisées généralement pour le traitement de mélanges de composés où la récupération serait difficile et/ou coûteuse. Elles permettent parfois de valoriser les solvants sous forme énergétique par récupération de chaleur dégagée lors d'une oxydation par exemple. Parmi ces techniques on distingue l'oxydation thermique ou catalytique.

L'oxydation consiste à transformer les molécules en CO_2 et H_2O moins nuisibles pour notre environnement en utilisant l'oxygène de l'air comme oxydant. La réaction chimique de base pour l'oxydation des hydrocarbures, C_mH_n, est donnée par:

$$C_mH_n + (m + n/4)O_2 \rightarrow m\ CO_2 + n/2\ H_2O$$

La réaction d'oxydation s'accompagne d'un dégagement de chaleur (ΔH) qui dépend de la nature du polluant. Cette réaction n'est pas instantanée, puisque, pour oxyder les polluants, le mélange de polluants et d'air est porté à une température et pendant une durée suffisante pour que la réaction s'opère. La performance de l'oxydation est liée à trois caractéristiques : température, turbulence et temps de séjour (règle des 3T).

La présence d'un catalyseur (métal précieux ou oxyde métallique) permet d'amener la température de traitement dans la plage 200 – 450 °C. Le catalyseur peut être utilisé sous plusieurs formes: billes, pastilles, granulés, extrudé, nid d'abeilles [35]. L'activité du catalyseur peut se réduire avec le temps dû à son empoisonnement (halogènes, phosphore, silicones, certains métaux), ou au blocage des sites actifs (poussière), d'une perte de matière (attrition) ou d'un effet thermique (température trop élevée).

III-1-1 Incinération thermique récupérative et régénérative

L'incinération thermique est adaptée aux concentrations élevées (5 à 20 g/Nm^3), cette technique est limitée à des débits d'effluents inférieurs à 30 000 m^3/h pour limiter les dimensions des chambres de combustion et des échangeurs. Le rendement de récupération primaire d'énergie étant limité à habituellement à 60-70%. De ce fait, la température des gaz traités en sortie d'échangeur est relativement élevée et peut atteindre 350°C. Un échangeur secondaire peut donc être rajouté afin de récupérer une partie de l'énergie de ces gaz par l'intermédiaire d'un fluide auxiliaire (huile, vapeur….).le système requiert un appoint d'énergie important qui peut être valorisé en cas de récupération de calories pour des besoins continus (production de vapeur, fluide thermique ou autre). La concentration de polluants nécessaire pour maintenir le système en autothermie est supérieure à 8 g/Nm^3.

L'épuration thermique récupérative permet d'obtenir de rejets de: C.O.V: < 20 mg/Nm^3; CO: < 50 mg/Nm^3; NO$_x$: < 100 mg/Nm^3.

L'incinération thermique régénérative est adaptée aux faibles concentrations grâce à un échange de chaleur intégré, opéré sur un lit de type céramique en coquilles ou en brique pour des débits d'effluents compris entre 1 000 et 300 000 Nm^3/h. Le principe consiste à inverser régulièrement le sens du débit d'air, afin de charger et décharger les calories sur le ou les lits d'échange. L'efficacité thermique se situe entre 90 % et 98 %, alors que dans les autres systèmes, l'échangeur primaire atteint au mieux 70 %. Ainsi, les systèmes régénératifs sont autothermes, donc sans appoint d'énergie pour des concentrations supérieures à 1,5 g/Nm^3 environ (suivant le type de polluant et le rendement de l'équipement). La réaction d'oxydation s'opère à une température supérieure à 750°C voire à 1000°C pour les systèmes sans flamme (l'oxydation sans flamme permet d'opérer une oxydation à plus haute température sans production virtuelle de NO$_x$). L'épuration thermique régénérative permet d'obtenir de rejets de (C.O.V: < 20 mg/Nm^3; CO: < 50 mg/Nm^3; NO$_x$: < 50 mg/Nm^3.

III-2-2 Oxydation catalytique récupérative et régénérative

Le principe de l'oxydation catalytique (récupérative ou régénérative) est le même que l'incinération thermique mais l'ajout d'un catalyseur au niveau de la chambre de combustion permet d'opérer une réaction d'oxydation à plus faibles températures (de l'ordre de 300°C à 500°C). Le système nécessite donc moins d'apport énergétique sous forme de gaz à de plus faibles concentrations que le système thermique (de l'ordre de 3 g/Nm^3).

L'oxydation catalytique permet d'atteindre couramment une efficacité de l'ordre de 90-99 % et de respecter la limite générale d'émission des COV [34-36]. Les catalyseurs sont à base de métaux précieux (platine, palladium, rhodium ...) ou d'oxydes métalliques (Cr, Fe, Mo, W, Mn, Co, Cu, Ni). Cependant, ces catalyseurs sont très sensibles à certains poisons (métaux lourds par exemple, phosphore, SO$_2$) et ont une durée de vie de l'ordre de 4 ans. Cette technique reste intéressante pour des concentrations intermédiaires aux applications récupératives et régénératives et pour des débits compris entre 1000 et 20 000 Nm^3/h. La technique est sensible aux élévations de concentration et de température lorsque celles-ci dépassent les données prévues lors du dimensionnement.

L'épuration catalytique récupérative permet des rejets de C.O.V < 20 mg/Nm^3, alors que l'épuration catalytique régénérative permette d'avoir des concentrations en polluants inférieures à 1 g/Nm^3. Les caractéristiques des techniques destructives de traitement des rejets chargés de COV peuvent se résumer dans le tableau ci-après:

Tableau I-5: Comparaison des différentes méthodes destructives des COV et leurs principales caractéristiques [1, 39-40]

Technique	Incinérateur thermique à récupération	Incinérateur thermique à régénération	Oxydation catalytique à récupération	Oxydation catalytique à régénération
Température d'oxydation	>750°C	800 à 850°C	200 à 450°C	300 à 500°C
Gamme de concentration	5 à 20 g COV/m^3	< 10 g COV/m^3	C< 15g COV/m^3	0 à 5g COV/m^3
Autothermie	8 à 10g COV/m^3	2 à 3g COV/m^3	2 à 4g COV/m^3	0.7 à 1g COV/m^3
Gamme de débits	<30 000Nm^3/h	1000 à 300 000Nm^3/h	100 à 20 000 Nm^3/h	Jusqu'à 100 000 Nm^3/h
Récupération d'énergie primaire	60 à 70%	90 à 98%	60 à 75 %	90 à 95 %
Récupération d'énergie secondaire	++++	+++	++	+
Performances COV totaux	<20 mg C/Nm^3	<20 mg C/Nm^3	<20 mg C/Nm^3	<20 mg C/Nm^3
Coût d'exploitation annuel	9 – 53 $/m^3/h	12- 88 $/m^3/h	9 – 53 $/m^3/h	9 – 53 $/m^3/h
Efficacité (%)	95-99	95-99	90-98	90-98
Limites d'utilisation	-Faibles concentrations -Présence de produits halogénés	-Présence de produits halogénés -Présence de poussières	-Présence de poisons de catalyseurs -Présence de poussières -Risques de concentrations élevées (surchauffe) -Durée de vie des catalyseurs	
Domaines d'application	Imprimerie, vernissage formats alu, application de peintures,…	Mêmes secteurs+ industries chimiques, pharmaceutiques, agroalimentaires,…	Impression offset, industries chimiques, pharmaceutiques, agroalimentaires, traitement des gaz malodorants	

III-2-3 Destruction par voie biologique

Il est également possible d'utiliser des traitements biologiques pour détruire les composés volatils biodégradables. Ces derniers sont alors utilisés comme source de carbone et d'énergie par des micro-organismes (bactéries, levures, champignons…) et transformés en biomasse et produits d'oxydation. Le procédé met en œuvre soit un filtre biologique soit un biolaveur. Le filtre est constitué d'un support (à base de tourbe, d'écorces…, ou de garnissage…) sur lequel sont fixés les micro-organismes (biofilm) et au travers duquel circule le gaz à traiter. Dans les biolaveurs, l'épuration a lieu en phase liquide, dans une colonne de lavage complétée par un bassin d'activation [1]. L'humidification, ainsi que l'apport d'éléments nutritifs sont effectués par aspersion (biofiltres) ou percolation (filtres percolateurs). Il existe des installations capables de traiter jusqu'à 150000 Nm^3/h pour des concentrations de quelques dizaines de mg/Nm^3 à 1 g/Nm^3 [37]. Les procédés biologiques acceptent des fluctuations de charge et autorisent des rendements d'épuration pouvant dépasser 90% [1]. Les limites en matière de débits sont directement liées à l'encombrement (1 m^3 de filtre environ par 100 m^3/ h d'air traité). L'utilisation de biofiltres n'est pas récente, elle date des années 50. Plus particulièrement adaptée au traitement des odeurs de stations d'épuration, de bâtiments d'élevage ou d'équarrissage [37]. Cependant, il n'existe encore qu'assez peu de réalisations dans ce domaine.

Cette technique nécessite dans la plupart des cas des essais pilote permettant de confirmer la faisabilité de cette technique et les performances que l'on peut en attendre sur le traitement des COV.

III-2 Techniques de récupération

Les techniques de récupération connaissant des applications industrielles sont: la condensation, l'adsorption sur charbon actif en grains, ou en tissu, sur zéolithes, sur gel de silice, sur polymères ou autres adsorbants et l'absorption par lavage à l'eau, à l'huile ou autre absorbant.

III.2. 1 Absorption

Cette technique est assez peu utilisée seule car le traitement, même pour des composés fortement miscibles, permet rarement de respecter les valeurs réglementaires. Par contre, il peut éventuellement servir de première étape de traitement combiné avec une autre technologie.

Le principal critère de choix et de dimensionnement est la solubilité du COV dans un liquide: beaucoup de COV ne sont pas miscibles dans l'eau, cette technique est peu adaptée au traitement de ces composés (il reste la solution d'absorption à l'huile, plus difficile à mettre en œuvre). Classiquement, on retrouve plutôt cette technique dans le traitement des odeurs, les industries chimiques et pétrochimiques (produits lourds tels que le kérosène, l'anthracène, le naphtalène, les cétones…), la fabrication de produits pharmaceutiques. Le principe repose sur la mise en contact du gaz à traiter avec un liquide dans lequel il est soluble. Il y a alors transfert du polluant de la phase gazeuse à la phase liquide. La solubilité diminuant avec la température, on travaille à des températures les plus basses possibles. Les débits traités sont assez importants (de 1 000 à 100 000 Nm^3/h) pour des concentrations allant jusqu'à 50 g/Nm^3. La récupération du COV peut se faire soit par distillation, extraction liquide-liquide, stripage. Cependant, il peut être économiquement difficile pour traiter des effluents faiblement concentrés [1] et de réutiliser les produits récupérés [32], ce qui rend cette technique peu répandue pour le traitement des COV.

III-2-2 Condensation

Ce procédé est surtout adapté aux faibles débits (<2000 Nm^3/h) avec de fortes concentrations (> à 15 à 20 g/Nm^3) et/ou pour composés organiques volatils « lourds » (faible tension de vapeur). La présence de vapeur d'eau est un élément à prendre en compte car celle-ci peut créer des phénomènes de givrage et formation de produits corrosifs. L'avantage majeur de ce procédé est qu'il permet de récupérer le solvant sans modification de composition. Le principe de cette technique consiste à transformer le ou les composés organiques volatils de l'état gazeux à l'état liquide ou solide en abaissant la température. La température minimale à appliquer est déterminée en fonction de l'efficacité de dépollution que l'on se fixe par rapport à un solvant donné. Les températures sont en général de l'ordre de - 20°C à - 80°C. Parmi les différentes techniques de condensation, on distingue la condensation mécanique au moyen de compresseurs et d'échangeurs (limitée à des températures de -30 à -40°C et la condensation cryogénique à l'azote liquide (jusqu'à -180°C). Cette dernière technique est très utilisée dans l'industrie pharmaceutique où l'azote permet de travailler avec des réacteurs sous atmosphère neutre. Les concentrations en COV des effluents gazeux industriels sont généralement trop faibles pour que cette technique soit efficace. Par contre, elle peut être utilisée pour abattre des concentrations importantes en préalable à une technique de récupération ou destruction ou inversement en aval d'un dispositif d'adsorption pour récupérer les COV désorbés.

III-2-3 Adsorption

Le procédé d'adsorption est largement répandu dans l'industrie pour divers applications. Pour le traitement des liquides, il est utilisé pour la décoloration (industrie sucrière), le séchage, l'élimination des composés organiques, des goûts ou des odeurs dans les eaux de consommation, l'épuration des eaux résiduaires ou des effluents industriels comme technique de séparation dans les industries chimique et pharmaceutique.

Pour le traitement des flux gazeux, l'adsorption permet l'élimination des gaz toxiques (masques à gaz), la désodorisation, la séparation de composés et enfin, la récupération ou la concentration des COV.

L'adsorption repose sur la propriété qu'ont les surfaces solides de fixer certaines molécules de manière réversible, par des liaisons faible. Ce procédé est bien adapté pour des débits moyens (<à 100 000 Nm^3/h)) et des concentrations inférieures à 50 g/Nm^3. L'adsorption permet d'atteindre couramment une efficacité supérieure à 95% et de respecter la limite générale d'émission de 150 mg/Nm^3 et même celle de 20 mg/Nm^3 fixée pour les composés chlorés.

L'adsorption est l'une des rares techniques économiquement supportable pour traiter les grands débits à faible concentration (cas des odeurs). Pour les fortes concentrations, cependant, le caractère exothermique de la réaction provoque une élévation de température qui défavorise l'adsorption. L'un de ces points forts est que la concentration résiduelle en sortie de traitement est pratiquement indépendante de la concentration à l'entrée tant que la charge n'est pas saturée. Cette propriété est très bénéfique dans le cas d'effluents dont la concentration en COV peut varier dans le temps.

L'adsorption est applicable aux effluents continus ou intermittents et envisageables pour traiter un grand domaine de concentrations. Toutefois, il peut se présenter quelques difficultés dans certaines situations suivantes:

-les hautes concentrations du COV peuvent entraîner une augmentation excessive de la température dans le lit dû à la grande chaleur d'adsorption. Si les vapeurs sont inflammables, les concentrations d'entrée du COV peuvent être limitées à moins de 25% du LIE (Limite Inférieure d'explosivité). Par ailleurs, certains COV tels que les cétones peuvent se décomposer en peroxydes qui réagissent avec le carbone formant des "feux" dans le lit.

-les composés de poids moléculaire très haut (MW> 130) caractérisés par une volatilité basse (point d'ébullition > 204°C) sont fortement adsorbés sur les carbones, par conséquent cela les rend difficiles à enlever pendant la régénération. Inversement, les composés de poids moléculaire bas (MW <45) ne sont pas toujours aisés à adsorber sur le carbone.

-les systèmes d'adsorption convenablement optimisés peuvent être très efficaces pour traiter les effluents homogènes en composition, mais ils le sont moins avec des effluents contenant par exemple un mélange d'hydrocarbures de bas - et haut - poids moléculaires. En effet, les composés organiques plus légers ont une tendance à être déplacés de la surface de l'adsorbant par les plus lourds. Cela réduit largement l'efficacité du système.

- la présence de l'humidité dans l'effluent gazeux au-dessus de 50% peut diminuer la capacité d'adsorption pour le traitement de flux contenant des concentrations supérieures à 1000 ppmv. L'humidité relative peut être réduite en ajoutant de l'air de dilution plus sec à l'effluent gazeux déchargé ou en chauffant le gaz avec un échangeur de chaleur. Cette technique offre également la possibilité de régénération du matériau adsorbant par des composés organiques volatils. Ceci peut se faire soit:

- par élévation de température (adsorption modulée en température ou TSA avec de la vapeur d'eau ou un gaz chaud).

- par baisse de la pression (adsorption modulée en pression, PSA et VSA).

La régénération à la vapeur d'eau surchauffée est la plus couramment utilisée dans le cas où l'adsorbant est du carbone activé. Plusieurs autres approches ont été expérimentées. Ce sont les régénérations par rayonnement infrarouge, par effet Joule direct, par introduction électromagnétique ou par micro-onde.

Les principaux matériaux adsorbants actuellement disponibles sur le marché sont le charbon actif et les zéolithes hydrophobes. Toutefois, la capacité d'adsorption de zéolithes est moins sensible à l'élévation de l'humidité que celle des charbons actifs. La teneur en humidité doit être inférieure à 50% pour le charbon alors que certaines zéolithes hydrophobes sont pratiquement insensibles à des humidités de 50 à 70%. D'autre part, les zéolithes présentent l'avantage d'être stables en température. Les zéolithes sont incombustibles, leur structure et leur capacité d'adsorption ne sont pas modifiées à la température habituelle de désorption (150 à 200°C) (110 à 140°C habituellement pour le charbon actif).

Le tableau I-6 regroupe les différentes conditions d'utilisation de techniques de traitement récupératives de COV

Tableau I-6: Comparaison des différentes techniques de traitement récupératives des COV et leurs principales caractéristiques [1, 37-38]

Technique	Adsorption sur charbon actif	Condensation	Absorption
Gamme de concentration	1 à 50 g COV/m^3	C> 15 à 20g COV/m^3	2 à 50g COV/m^3
Gamme de débits	1000 à 100 000Nm^3/h	0 à 2000Nm^3/h	1000 à 100 000 Nm^3/h
Performances COV totaux	<100 à 150 mg C/Nm^3 chlorés< 20 mg C/Nm^3	<50 mg C/Nm^3	<150 mg C/Nm^3
Coût d'exploitation annuel	6-21 $/m^3/h	12 – 72 $/m^3/h	15 - 72$/m^3/h
Efficacité (%)	80-90	70-85	90-98
Limites d'utilisation	-Nombre de COV - température de gaz à traiter -présence de poussières -présence de produits polymérisables -traitement aval des produits	-Nombre de COV -produits volatils -humidité -traitement aval des produits	-coût -complexité
Domaines d'application	Dégraissage (chlorés), nettoyage à sec, chimie, pharmacie,…	Dégraissage, stockage d'hydrocarbures, chimie, pétrochimie, pharmacie	Cétones, produits lourds, raffinerie, pétrochimie, cokerie,

IV- Conclusion

En relation avec la problématique traitée dans cette étude, le xylène a été choisi comme COV modèle représentatif de la famille de solvants utilisés dans l'industrie. Ce solvant peut générer des émissions de COV ainsi bien dans le milieu professionnel que dans l'atmosphère. Son utilisation impose la maîtrise des aspects liés à la toxicologie, la sécurité, la réglementation et la normalisation en plus des techniques de traitement de ses rejets dans l'air. Le recours à ces dernières est fait, en général, après optimisation du procédé et l'utilisation de technique de traitement de COV.

Le problème principal industriel est le choix de la technique d'abattement. En effet, il n'existe pas actuellement de technique universelle utilisable quel que soit le flux ou la qualité du rejet gazeux à traiter. Le critère principal de la sélection de technologie pour les abattements de COV dépend des contraintes liées au coût (énergie, prix de solvant et de la technologie de traitement) et la réglementation environnementale

Le choix d'une technologie de traitement dépend de la nature des COV à traiter, le débit de gaz (valeur absolue, variations), le niveau de température, la composition des COV (nature, complexité du mélange, variabilité des concentrations), la présence de particules et d'eau, les limites inférieure et supérieure d'explosion, impact sur le procédé de fabrication, adaptabilité aux modifications ultérieures du procédé, sources d'énergie disponibles, possibilités de valorisation d'énergie, possibilité de récupération des matières premières, traitement des eaux résiduaires, déchets, sécurité, maintenance, compétences humaines, place disponible, prix…

En relation avec la problématique que nous avons été amené à traiter visait le traitement d'un flux contenant de forte concentration en xylène essentiellement émis à des températures de l'ordre de 150°C c'est-à-dire ne contenant presque pas de vapeur d'eau. Compte tenu des objectifs en terme économique nécessitant une réutilisation de quantité maximale possible de solvant, il est tout à fait envisageable d'utiliser une technique à base de condensation suivie d'une adsorption. Dans la suite de ce travail nous focalisons sur l'évaluation de performances de matériaux locaux vis-à-vis de l'adsorption et de désorption de l'o-xylène.

Références bibliographiques

[1] ADEME, La réduction des émissions de composés organiques volatils dans l'industrie, (1997)

[2] P. Le Cloirec, Les composés organiques volatils (COV) dans l'environnement, Lavoisier, TEC & DOC, Paris (1998)

[3] R. Bouscaren, La pollution photochimique ou le mauvais ozone, Congrès Entreprise et COV, Colmar, mai (1994)

[4] J.O.R.F, 12553-12557, 13 août (2000)

[5] Journal officiel des Communautés Européennes, Directive 1999/13/CE du Conseil du 11 mars (1999) relative à la réduction des émissions de composés organiques volatils dues à l'utilisation de solvants organiques dans certaines activités et installations.

[6] D. Mackay, W.Y. Shiu, K.C. Ma. Illustrated Handbook of Physical-Chemical Properties and Environmental Fate for Organic Chemicals, vol. 1, Boca Raton, Lewis Publishers, (1992) 697

[7] L. Fishbein, Sci. Total. Environ. 43 (1985) 165

[8] R.C. Weast, Handbook of Chemistry and Physics (1969)

[9] Kirk-Othmer - Xylenes and ethylbenzene.Encyclopedia of Chemical Technology. New-York, John Wiley and Sons, 3rd Ed. 24 (1984) 709

[10] INRS, Fiche toxicologique N°77, 1ér trimestre (2004)

[11] IARC monographs on the evaluation of the carcinogenic risk of chemicals to humans. Lyon, International agency f r research on cancer, 47 (1989) 125

[12] Solvesso –xylène. Fiche de données de sécurité. Paris, Exxon, chemical, (1990)

[13] R. C. Weast, M. J. Astle, Handbook of Chemistry and Physics, CRC Press, Boca Raton, FL, (1982-1983)

[14] J. A. Dean, Lange's Handbook of Chemistry, Ed., McGraw Hill, 13th Edition, (1985)

[15] F. Alario, C. Marcilly, M. Barraqué; Techniques de l'Ingénieur, traité Génie des procédés, Doc. J 6 175

[16] R; Snyder, Ethel Browning's toxicity and metabolism of industrial solvents, 2e éd. Amsterdam Elsevier, (1987) 64

[17] F. T. Bodurtha– Industrial explosion prevention and protection. Mc Graw-Hill, New-York (1980)

[18] D. A. Crowl, J. F. Louvar, In chemical process safety: fundamentals with applications, NJ, USA: prentice Hall (1990) 157.

[19] G. W. Jones, Chemical Review 22 (1) (1938) 1

[20] K. Savolainen, J. Kekoni, V. Riihimaki et A. Laine, Arch. Toxicol. 7 (1984) 412

[21] K. Savolainen, V. Riihimaki, O. Muona, J. Kekoni, R. Luukkonen et A. Laine, Acta Pharmacol. Toxicol. 57 (1985) 67

[22] B. Dudek, K. Gralewicz., M. Jakubowski, P. Kostrzewski, J. Sokal, Pol. J. Occup. Med. 3 (1) (1990) 109

[23] R.N. Hipolito, Xylene poisoning in laboratory workers: Case reports and discussion. Lab Med, 11, (1980) 593

[24] F.P. Roberts, E.G. Lucas, C.D. Marsden, T. Trauer, Near-pure xylene causing reversible neuropsychiatric disturbance. Lancet, 2, (1988) 8605, 273

[25] INRS, Valeurs limites d'exposition professionnelles aux agents chimiques en France, ND2098, (2004))

[26] G.M. Bell, Xylenes. Toxicity review 26. Londres : HSE Books. (1992). [MO-016137

[27] B.A. Loménéde, les valeurs limites en France, Cahiers des notes documentaires, Hygiène et Sécurité du travail, 133 (1988) 681

[28] F. Testud, Pathologie toxique en milieu de travail, 2e édition, Ed Alexandre Lacassagne, ESKA, (1998).

[29] L. A. Kuhn, E. E. N. Ruddy, Comprehensive emissions inventories for industrial facilities. In proceedings of the air and waste Management Association's 85 th Annual Meeting and Exhibition, june 21-26, (1992) Kansas City, MO

[30] USEPA Compiling ait toxics emissions inventories, EPA/450/4-86-010, NTIS No PB86-238086. USEPA, (1986) Research Triangle Park, NC

[31] A.M. Martin, S.L. Nolen, P.S. Gess, T.A. Baesen, Chem. Eng. Prog. 88 (12) (1992) 53

[32] F. I. Khan, A. K. Ghoshal, J. of Loss Prevention in the Process Industries, 13 (2000) 527

[33] O. Okeke, Critical assessment of conventional and emerging VOC abatement technologies. Proceeding Conference VOC's in the environment, London (1995)

[34] E. N. Ruddy, L. A. Caroll, Chem. Eng. Prog. 7. 28 July (1993)

[35] O. Duclaux, T. Chafik, **H. Zaitan**, J. L. Gass, D. Bianchi., React. Kin. And Catal. Lett. 76 (1) (2002) 19

[36] A. N. Patkar, J. Laznow, Hazardous air pollutant control technologies. Hazmat World, 2, 78 February (1992)

[37] N. Dueso, La Pollution par les COV: Définitions, Sources et Solutions, Informations Chimie, N°387, Avril (1997) 76

[38] D.S., Technologies de l'Environnement – La Qualité de l'Air au Premier Rang des Priorités, Informations Chimie, N°387, Avril (1997) 76

[39] American Institute of Chemical Engineers (2001), Practical Solutions for Reducing and Controlling Volatile Organic Compounds and Hazardous Air Pollutants, AIChE, Center for Waste Reduction Technologies, New York, NY

[40] A. Blouet, Choisir un Procédé de Traitement des COV, Décision Environnement, N° 38, Juillet (1995) 27

CHAPITRE II
Caractérisation physico-chimique des matériaux étudiés

Ce chapitre portera sur la caractérisation physico-chimique (texture et propriétés de surfaces) à partir des isothermes d'adsorption et de désorption de N_2 à 77K. Les résultats obtenus seront appuyés par analyses thermogravimétriques, spectroscopie infrarouge à transformée de Fourier, fluorescence X et microscopie électronique à balayage. Les solides étudiés à titre de référence seront les oxydes commerciaux qui rentrent dans la composition du minerai en plus de la diatomite. Un intérêt particulier sera accordé à la mise en évidence des modifications apportées par l'activation chimique.

CHAPITRE II: Caractérisation physico-chimique des matériaux étudiés

SOMMAIRE

I- Introduction...	31
II- Présentation des matériaux adsorbants étudiés...................................	31
II-1 Al$_2$O$_3$...	31
II-2 SiO$_2$...	32
II-3 TiO$_2$...	32
II-4 Diatomite...	32
III- Caractérisations physico-chimiques des adsorbants	33
III-1 Méthodes expérimentales	33
III-1-1 Analyse par fluorescence X..	33
III-1-2 Mesures de densité (porosimètre à mercure)...........	34
III-1-3 Mesure de surface spécifique et de porosité...........	34
III-1-4 Analyse par spectroscopie infrarouge à transformée de Fourrier..	35
III-1-5 Analyse thermogravimétrique (ATG/DTG)...............	36
III-1-6 Microscopie électronique à balayage.........................	36
III-2 Résultats des analyses...	36
III-2-1 Composition chimique des solides étudiés...............	36
III-2-2 Densité (porosimètre à mercure).............................	37
III-2-3 Surface spécifique (Méthode BET)..............	37
III-2-4 Détermination de la porosité.....................................	38
III-2-5 Analyse par spectroscopie infrarouge à transformée de Fourrier..	42
III-2-6 Analyse thermogravimétrique (ATG/DTG)...............	43
III-2-7 Microscopie électronique à balayage.........................	45
IV- Conclusion...	46
Références bibliographiques...	47

I- Introduction

La sélection d'un adsorbant pour un procédé d'adsorption des polluants dépend largement de ses caractéristiques physico-chimiques (propriétés texturales et propriétés de surface). Ces caractéristiques déterminent fortement les performances de la fixation des polluants tes que les COV dans les effluents gazeux [1-11]. La connaissance de ces caractéristiques est indispensable pour l'analyse des données de l'adsorption et l'interprétation des propriétés adsorbantes.

Compte tenu des objectifs de nos travaux visant, entre autre, la valorisation des matériaux naturels marocains dans les technologies à base d'adsorption, nous avons recherché à étudier des solides de type diatomite en raison de leurs propriétés de surface, leurs coûts réduits et surtout les résultats prometteurs obtenus lors des essais en dépollution des rejets liquides contenant les métaux lourds et les pesticides [12-14], ainsi que dans des applications en catalyse hétérogène [15-16].

Les performances de minerai diatomite ont été comparées à des oxydes commerciaux, tels que Al_2O_3, TiO_2 et SiO_2, vu qu'ils sont stables, non toxiques et peu coûteux et surtout parce qu'ils rentrent dans la composition chimique de la diatomite étudiée.

Nous présentons dans ce chapitre les résultats obtenus avec les techniques de caractérisation physico-chimique dans le but d'acquérir des informations permettant de faire le lien avec les propriétés adsorbantes de ces solides.

II- Présentation des matériaux adsorbants étudiés

Les solides testés dans ce travail sont regroupés en deux catégories: les solides commerciaux γ-Al_2O_3, TiO_2, et SiO_2, fabriqués à l'échelle industrielle, et commercialisés par la société Degussa et les matériaux naturels, la diatomite brute et activée. Ces différents adsorbants sont présentés dans les paragraphes suivants.

II-1 Al_2O_3

L'alumine (Al_2O_3) est solide amorphe, moyennement polaire et hydrophile. Il est obtenu par thermolyse flash du trihydroxyde d'aluminium $Al(OH)_3$ qui conduit à un produit de composition approximative Al_2O_3, 0.5 H_2O, possédant une structure poreuse résultant du départ de molécules d'eau.

La surface des pores de l'alumine est principalement recouverte de groupements hydroxyles Al-OH, responsables de l'acidité de Bronsted, ils peuvent être coordonnés différemment en fonction de leur environnement et l'adsorption se fait préférentiellement par liaison hydrogène.

II-2 SiO_2

La silice (SiO_2) est un solide de composition chimique SiO_2, nH_2O, présentant une distribution assez large de dimensions de pores et dont la surface interne est relativement polaire. Il est préparé à partir de $Si(OH)_4$ en phase aqueuse, obtenu par acidification d'un silicate de sodium, ou bien à partir d'un sol de silice (suspension dans un liquide, tel que l'eau, de microparticules (20 à 100 nm), appelée micelle, stable car trop petite pour décanter), ou bien par hydrolyse d'un alcoxy-silane. La solution fluide se polymérise assez rapidement, ce qui conduit à un gel qui conserve sa structure lâche après rinçage et séchage. Les groupements Si-OH conduisent à des liaisons hydrogène. Il existe deux types de gels de silice: les microporeux, assez hydrophiles, et les macroporeux, versatiles, qui diffèrent par la taille des pores comme le nom l'indique. Il est généralement utilisé sous forme de granules fins pour piéger les produits polaires, comme support de catalyseurs ou fixateur de l'humidité.

II-3 TiO_2

Le TiO_2 est un solide poreux, stable, inerte du point de vue chimique, non toxique et peu coûteux. Son utilisation se répartit dans les peintures, dans l'industrie du papier et dans l'industrie des céramiques, la catalyse (support de catalyseurs et catalyseur photochimique, en particulier pour la purification de l'air). Il est préparé à partir des minerais riches en TiO_2: ilménites riches (plus de 60 % de TiO_2), laitiers (à plus de 85 % de TiO_2) et surtout rutile.

II-4 Diatomite

La diatomite ou le Kieselguhr testé dans ce travail provient du Nord du Maroc. C'est une roche sédimentaire, appartenant à la famille des argiles. Elle est légère, de couleur blanche à jaune clair et constituée par l'accumulation de carapaces de diatomées (algues). Ces algues aquatiques unicellulaires, dont la membrane est entourée de matériaux riches en silice [17-18], croissent dans les environnements marins ou lacustres. Vu ses propriétés particulières, elle offre de nombreuses possibilités d'application industrielle, comme adjuvant pour la filtration de liquides divers [19]. Elle est également utilisée comme abrasif ou échangeur d'ion [20], ou adsorbant des nitrites ou nitrates

[14], de métaux lourds (ions de Ag^+) [12], ou catalyseur pour la décomposition de l'isopropanol [16].

Les principaux gisements de la diatomite sont localisés en Europe, en Asie et notamment la Région de Nador au Nord du Maroc. Les principales propriétés de la diatomite (inertie chimique; faible densité apparente; porosité, surface spécifique et capacité d'adsorption,...) sont liées à leurs caractéristiques fondamentales: composition chimique avec une structure en nid d'abeilles.

Le recours à l'activation chimique conduit à une amélioration des propriétés adsorbantes. Pour les argiles, il est porté que la capacité d'adsorption est augmentée par une activation thermique ou chimique [22-24].

La procédure d'activation chimique adoptée dans ce travail consiste à placer une suspension de diatomite dans des solutions d'acide chlorhydrique de concentrations (0.5, 1 et 2N) (rapport solide liquide égale 1:15), sous agitation pendant 2-3 heures à température ambiante. La diatomite sera par la suite lavée pour éliminer le maximum possible l'acide en excès (une attention particulière doit être portée aux derniers stades de lavage, puisqu'une prolongation inconsidéré peut entraîner une désaturation notable du minéral avec évolution de ce dernier selon le mécanisme d'hydrolyse) et les sels métalliques formés sous l'action de l'agent d'activation. Enfin et avant stockage, l'argile sera séchée puis broyée. Par commodité, nous désignons dans la suite de ce travail la diatomite brut par DT, celles activées par l'acide: DT (0.5N); DT (1N) et DT (2N) et celle activée par traitement thermique DT(200), DT(400) et DT(600).

III- Caractérisations physico-chimiques des adsorbants

III -1 Méthodes expérimentables

III-1-1 Analyse par fluorescence X

La fluorescence X est une technique d'analyse utilisée pour la détermination de la composition chimique des matériaux minéraux. L'appareil utilisé dans ce travail est un spectromètre Brucker S4 Piooner. La technique consiste à analyser le rayonnement χ secondaire polychromatique d'un échantillon excité par un faisceau de rayon χ incident de grande puissance et mesurer l'intensité pour chaque longueur d'onde du faisceau secondaire. Le rayonnement χ primaire est obtenu à l'aide d'un tube à Rhodium. Le rayonnement secondaire (fluorescence) est capté puis réfléchi par un cristal analyseur (dont la structure cristalline est parfaitement connue) vers un détecteur.

Le protocole analytique adopté pour analyser la composition chimique, consiste à préparer les échantillons selon une méthode spécifique, appelée méthode de perle au borax à l'aide de quelques gouttes de BrLi fondus dans du borate du Lithium 50-50 (50% $Li_2B_4O_7$-50% $LiBO_2$). Cette étape a pour objectif de nettoyer la coupelle de platine. 600 mg de l'échantillon à analyser est fondu dans 6g de borate de lithium (solide) et de Lithium Bromide (solide).

Le verre fondu est coulé dans une coupelle de platine. Il peut être étiré pour obtenir un disque de ($\approx$ 40 mm) de diamètre. La fusion élimine les effets granulométriques et minéralogiques. Les éléments majeurs, mineurs et traces qui peuvent être analysés quantitativement dans les silicates selon leur teneur sont: Si, Al, Ca, K, Ti, Fe, Mn, P, Mg, Na, Pb, Cu, Sn, Sb, Rb, Zr.

III-1-2 Mesures de densité (porosimètre à mercure)

La mesure de densité et la porosité dans les solides étudiés tels que (DT) a été réalisée à l'aide de porosimétre à mercure (Autopore 9220 Micromeritics®). La méthode consiste à mesurer le volume de mercure pénétrant dans l'échantillon à analyser en fonction de la pression appliqué. Une désorption préalable de l'échantillon est nécessaire.

III-1-3 Mesure de surface spécifique et de porosité

La surface spécifique des adsorbants utilisés est estimée par la méthode BET (Brunauer, Emett et Teller) [25]. Les valeurs de BET obtenus dans ce travail ont été déterminées à partir des isothermes d'adsorption de l'azote à une température voisine de son point d'ébullition (77 K). Ces mesures d'adsorption nécessitent une surface bien dégazée afin d'éliminer l'eau adsorbée pouvant bloquer l'accès de la surface aux molécules d'azote. La méthode repose d'une part sur le traitement analytique de l'isotherme d'adsorption et d'autre part sur la détermination graphique de la quantité de gaz adsorbé en une monocouche complète (notée V_m) en utilisant l'équation II-1:

$$\frac{P}{V \cdot (P_0 - P)} = \frac{1}{V_m \cdot c} + \frac{(c-1)}{V_m \cdot c} \cdot \frac{P}{P_0} \qquad (II-1)$$

où P_0 est la pression à saturation et c une constante liée à la différence des énergies d'adsorption et de liquéfaction.

La représentation graphique de $\dfrac{P}{V \cdot (P_0 - P)}$ en fonction de P/P_0 conduit à une droite pour des valeurs de pression relative comprises entre 0.05 et 0.3. La pente et l'ordonnée à l'origine permettent de calculer le volume de la monocouche (V_m) et la constante c caractéristique du système adsorbant-adsorbat étudié et fonction de l'énergie d'adsorption d'une monocouche d'adsorbat et de l'énergie d'adsorption des couches qui suivent la première. On peut ainsi obtenir la surface spécifique S_{BET} en multipliant le nombre de molécules adsorbé par la valeur σ de la surface occupée par une molécule de l'adsorbat (σ=0.162 nm^2 dans le cas de l'azote à 77 K [26]. Si V_m est exprimée en $cm^3.g^{-1}$ et S_{BET} en $m^2.g^{-1}$, on peut écrire: $S_{BET} = 4.35\ V_m$.

Dans le présent travail nous avons utilisé un appareillage volumétrique à base d'adsorption de N_2 automatisé de type Micromeritics ASAP 2000, (précision de la mesure est de 0.1 m^2/g) qui permet également la détermination de dimensions des pores. Les mesures de l'isotherme d'adsorption complet donne l'accès aux volumes microporeux, mésoporeux, poreux total ainsi qu'à la distribution poreuse, selon plusieurs modèles de calcul (BJH, méthode de l'isotherme standard t, Dubinin-raduskevich). Les pressions mesurables s'étendent de 0.0005 à 950 torr.

L'échantillon à étudier (≈ 200 mg) est soumis au préalable à un dégazage sous haut vide continu ($p \leq 10^{-6}$ mmHg), à une température appropriée de telle façon à évacuer les molécules d'eau ou de CO_2 déposées au niveau de la structure poreuse de l'échantillon. Pour les diatomites utilisées, un traitement thermique à 200°C pendant une durée de 2 heures suffit pour l'élimination totale des gaz préadsorbés physiquement, y compris l'eau. Par contre, les oxydes tels que Al_2O_3, TiO_2, et SiO_2 nécessitent des températures pouvant atteindre 300°C sans donner lieu à une dégradation ou modification de propriétés de surface.

III-1-4 Analyse par spectroscopie infrarouge à transformée de Fourrier

Le spectrophotomètre IRTF utilisé dans ce travail pour caractériser les solides, est du type jasco-410. Il couvre un domaine spectral compris entre 4000–400 cm^{-1} permettant d'identifier les groupements fonctionnels de solides.

Les spectres IRTF sont enregistrés en mode transmission utilisant des pastilles préparées à partir d'un mélange (adsorbant + bromure de potassium anhydre (matière optiquement inerte)) de rapport massique solide / KBr égale 1/10) comprimée sous une pression inférieur à 5 tonne/cm^2). Tous les spectres ont été enregistrés sous air à la température ambiante.

III-1-5 Analyse thermogravimétrique (ATG/DTG)

Le principe de l'analyse thermogravimétrique (ATG) consiste à chauffer le solide à étudier lentement et suivre les pertes de masse engendrées. Cette technique consiste à déterminer, en fonction de la température, les quantités de constituants volatils adsorbés ou combinés dans la matière. Cette technique nécessite très peu de produit (environ 20 mg) pour détecter une variation de masse de l'ordre de 0,01 mg.

L'analyse thermogravimétrie (ATG) des solides étudiés a été effectuée à l'aide d'un dispositif Setaram 92. L'échantillon à analyser est introduit dans un creuset en platine et suspendu à une microbalance de précision sous gaz inerte (He). Les paramètres de chauffage ainsi que les résultats des mesures sont contrôlés par ordinateur. Les gradients typiques de température sont :
- Montée à une vitesse de 5 K/min jusqu'à 1173 K.
- Palier: 20 min à 1173 K.
- Descente: 20 K/min.

III-1-6 Microscopie électronique à balayage

Le microscope utilisé est le modèle Hitachi S800 EG. Les tensions d'accélération sont comprises entre 1 et 30 kV par pas de 1 kV. La résolution est de 2 nm à 30 kV pour une distance de travail de 5 mm.

Le microscope électronique à balayage permet d'obtenir par réflexion des électrons une image de la surface avec une résolution de quelques dizaines de nm. Cette technique fournit des renseignements sur la taille et la forme des unités élémentaires ainsi que la morphologie de la surface du solide. Le mode d'imagerie permet aussi de caractériser la porosité (taille, forme, et distribution des pores) susceptible de se développer dans le matériau étudié.

III-2 Résultats des analyses

III-2-1 composition chimique des solides étudiés

Les mesures de la composition chimique de diatomite brute DT et traité par HCl DT(2N) effectuées par fluorescence X révèlent la présence d'une quantité très importante de silice SiO_2 (72.8%) et d'un pourcentage notable de la calcite CaO (5.86%) et de l'alumine Al_2O_3 (5.22%). Il s'agit de matières silico-alumineuses avec prédominance de SiO_2. Par ailleurs, les teneurs en oxydes alcalins et alcalino-terreux sont faibles (*Tableau 3*) et montrent que la phase argileuse est constituée surtout de l'illite avec de faibles quantités en Kaolinite, clinochlore, dolomite, albite et halite. Ces proportions sont en bon accord avec celles trouvées par Agdi [27].

La composition chimique des oxydes est donnée dans le tableau II-1. Ces caractéristiques sont en bon accord avec la spécification de commerçant.

Tableau II-1: *Analyse chimique des solides utilisés (% massique)*

	SiO_2	Al_2O_3	Fe_2O_3	Na_2O	K_2O	MgO	TiO_2	CaO	SO_3	Cl
DT	72.8	5.22	1.94	0.83	0.901	1.13	0.27	5.86	--	--
DT (2N)	84.7	5.24	1.63	1.34	0.91	0.49	0.238	0.09	--	--
Al_2O_3	0.45	98.7	0.033	0.063	0.024	--	0.1	0.055	0.23	0.3
TiO_2	0.24	0.099	0.037	--	0.014	--	98.8	0.028	0.05	0.087
SiO_2	99.4	0.053	0.017	--	0.023	--	--	0.025	0.2	0.059

III-2-2 Densité (porosimètre à mercure)

Les mesures de densité de la diatomite naturelle brut (DT) par porosimètre à mercure conduisent à des valeurs de densité apparente et réelle respectives de $d_a=0.3265$ et $d_r=2.8273$ g.cm^{-3}. L'écart important entre ces deux valeurs, révèle un caractère poreux accentué. En effet, une porosité très développée de l'ordre de 88% de vide est obtenue par la formule: $\frac{d_r - d_a}{d_r} \cdot 100$. Les valeurs de densité apparente des oxydes commerciaux (Al_2O_3, TiO_2 et SiO_2) sont respectivement 0.06, 0.15 et 0.05 g/cm^3.

III-2-3 Surface spécifique (Méthode BET)

Les valeurs de surfaces spécifiques (BET) obtenus pour les argiles et les oxydes, sont regroupées dans le tableau II-2.

Tableau II-2: *Surfaces spécifiques selon BET de minerais diatomite brute, traité et les oxydes commerciaux*

Solides	DT	DT(400)	DT(600)	DT(0.5N)	DT (1N)	DT (2N)	TiO_2	SiO_2	Al_2O_3
BET (m^2/g)	21	20.4	20	25.7	26	29	50	200	100

Les différents solides présentent des surfaces BET allant de 20 jusqu'à 200 m^2.g^{-1}. La silice présente la surface spécifique nettement supérieure à celle des autres solides étudiés. On note l'augmentation de la surface spécifique de DT de 40% (de 21 m^2/g à 29 m^2/g) lors de son traitement par l'acide HCl (2N) alors que le traitement thermique du minerai diatomite n'a aucun effet sur le développement de la surface spécifique.

III-2-4 Détermination de la porosité

La porosité de diatomite brute DT et activées (chimiquement ou thermiquement) a été évaluée par l'intermédiaire d'isothermes d'adsorption et de désorption d'azote. Les figures II-1 et II-2 reportent les isothermes obtenues respectivement dans le cas de diatomite activée par traitement thermique et activées par traitement acide. Ces isothermes sont de type entre I et IV généralement attribués à un solide micro et / ou mésoporeux (diamètre de pores compris entre 2 et 20 nm) selon la classification de Brunauer et al [28]. Par ailleurs, les figures mettent en évidence dans tous les cas une hystérésis entre les isothermes d'adsorption et de désorption d'azote. Ceci vraisemblablement attribué à l'existence de mésopores où l'adsorbat (N_2) se retrouve sous forme condensée; ou encore par l'existence de pores en forme de fente, feuillet ou de bouteille impliquant une barrière énergétique plus grande pour le phénomène de désorption que pour celui de l'adsorption. La condensation dans les pores (condensation capillaire) intervient avant saturation de l'adsorbant.

La comparaison des modèles des isothermes données dans la bibliographie selon la classification de De Boert [29] ou IUPAC avec ceux que nous avons obtenus expérimentalement tend à montrer que ces derniers s'apparentent plutôt au type H3 et H4 relatif à des pores "en fente" à parois globalement non parallèles.

Il est à noter toutefois que l'échantillon DT(2N) adsorbe plus de molécules d'azote que DT brute et que la structure de son hystérésis est légèrement très grandes et ce en accord avec l'augmentation de sa surface spécifique. Alors que le traitement thermique ne présente aucun effet sur la forme d'hystérésis qu'à la quantité de N_2 adsorbée.

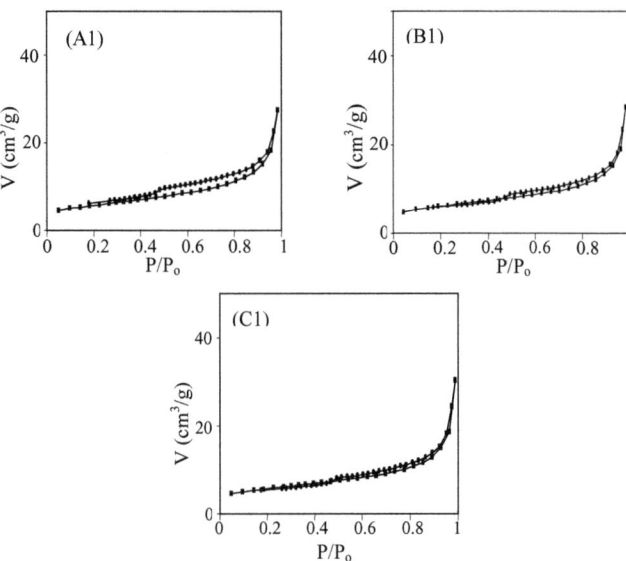

Figure II-1: *Isothermes d'adsorption et de désorption d'azote sur la diatomite: (A1):DT(200), (B1): DT(400) et (C1): DT(600°C).*

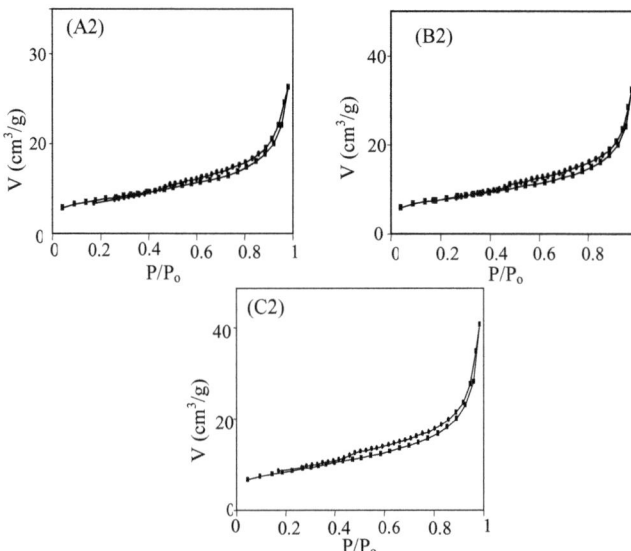

Figure II-2: *Isothermes d'adsorption et de désorption d'azote sur la diatomite: (A2): DT(0.5), (B2): DT(1N) et DT(2N).*

La méthode t (de Boer) a été utilisée pour obtenir des informations quantitatives sur la microporosité et la mésoporosité à partir les isothermes d'adsorption. Cette méthode consiste à comparer l'isotherme d'adsorption des solides étudiés à l'isotherme standard d'un solide non poreux de même nature [30]. Le principe est basé sur la courbe t (t-plot) représentant l'épaisseur de la couche adsorbée de N_2 notée t en fonction de la pression relative P/P_0 de l'adsorbat considéré (N_2). Les valeurs de l'épaisseur de la couche adsorbée (t) est calculée à partir de l'équation II-2:

$$t = \left[\frac{13.99}{0.034 - \ln(\frac{P_0}{P})} \right]^{\frac{1}{2}} \qquad \text{II-2}$$

Pour les échantillons étudiés, la courbe V = f(t) correspondant au volume adsorbée à une pression relative donnée; en fonction de l'épaisseur t (thickniss) de la couche adsorbée de N_2, conduit à la détermination du volume de N_2 dans l'espace microporeux V_μ et de la surface externe spécifique équivalente S_{ext}. La surface externe est déterminée par la pente de la partie linéaire de courbe (t de Boer), ainsi l'ordonnée à l'origine de cette courbe permet d'estimer le volume microporeux [31].

Pour le présent travail, une estimation de volume total de pore (V_p) a été faite à $P/P_0 = 0.98$ en convertissant le volume d'azote adsorbé en volume de liquide. Par conséquent, le volume mésoporeux est calculé par la différence entre le volume poreux total et le volume microporeux.

Le diamètre moyen de pore (D_P) a été calculé sur la base du modèle de pore cylindrique $Dp=4Vp/S_{BET}$. En plus, le diamètre moyen de pores $D_{p,BJH}$ a été déterminé par la méthode de BJH en utilisant les données d'adsorption [32]. Les différents résultats ainsi obtenus sont récapitulés dans le tableau II-3.

Tableau II-3: *Paramètres structuraux de diatomite DT et DT (2N)*

Argile	S_{BET} (m²/g)	S_{ext} (m²/g)	$S_{\mu e}$ (m²/g)	V_p (cm³/g)	V_μ (cm³/g)	V_{mes} (cm³/g)	$D_{p,BJH}$ (nm)	D_p (nm)
DT(200)	21	15	6	0.035	0.0024	0.0326	6.8	1.925
DT(400)	20.4	14	6.4	0.037	0.0032	0,033	7.25	1.965
DT(600)	20	14	4.9	0.039	0.0028	0.0362	8.2	1.97
DT(0.5N)	25.7	20	5.7	0.051	0,0031	0,0479	7.9	1.87
DT(1N)	26	19	7	0,051	0,0035	0,0479	7.8	1.91
DT(2N)	29	22	7	0.054	0.0035	0.05	7.44	1.924

Note: S_{BET}: Surface spécifique, S_{ext}: Surface externe (déterminé utilisant la courbe t de de Boer), $S_{\mu e}$: surface micro équivalente, Vp: Volume de pore total, V_μ: Volume microporeux, V_{mes}: Volume mésoporeux, D_p: Diamètre moyen de pore et $D_{p,BJH}$: Diamètre moyen de pore déterminé par la méthode de BJH.

Les valeurs de distributions de diamètres poreux des échantillons de diatomites DT et DT (2N) (tableau II-3) sont obtenues à partir des isothermes d'adsorption-désorption (branche de désorption) d'azotes calculées par la méthode BJH (Barrett Johner et Halenda) [32]. Les courbes résultantes (Vp=f (r); dV/dr=f (r)), V étant le volume adsorbé, Vp étant le volume des pores cumulés et r le rayon des pores) sont reportées sur les figures II-3 et II-4. Il est montré qu'une distribution étroite de la taille des pores comprise entre 1 et 2.2 nm pour tous les deux échantillons diatomite, centré à 1.9 nm caractéristiques, par convention aux solides type argileux.

Il apparaît ainsi que le traitement par l'acide HCl (2N) de minerai diatomite a fait accroître sa surface spécifique de 40% (de 20.4 m^2/g à 29 m^2/g). L'augmentation de la surface BET par attaque acide avec conservation de la structure initiale et changement de la composition chimique du matériau serait vraisemblablement due, nos observations, au développement de la porosité [33-34]. De même, le traitement acide entraîne un légère élargissement de distribution de taille de pore, avec une contribution des pores de diamètre supérieur à 2.2 nm. L'apparition de ce type de pores peut être expliquée par la formation de nouveaux pores dans le réseau [34].

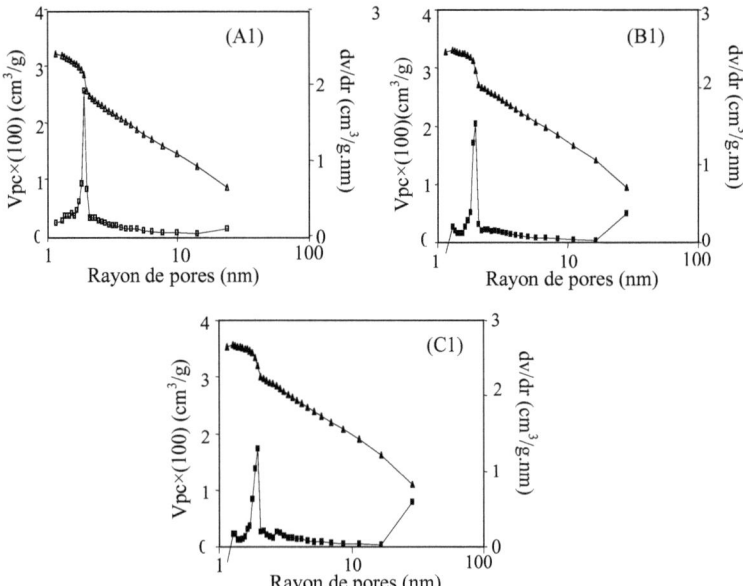

Figure II-3: Distribution des rayons et le volume de pores pour: (A1): la diatomite DT(200), (B1): DT(400) et (C1): DT(600) (■: dv/dr (cm^3/g. nm); ▲: Vp: Volume poreux cumulé(cm^3/g).

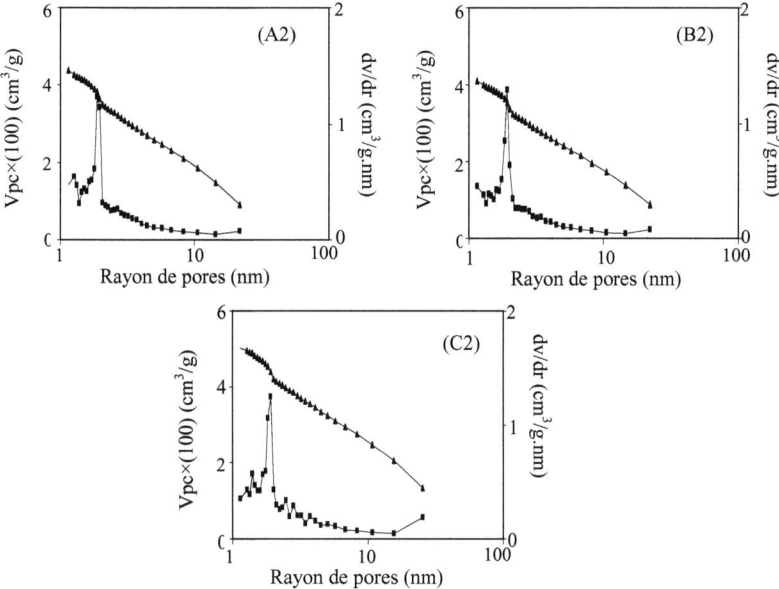

Figure II-4: Distribution des rayons et le volume de pores pour: (A2): la diatomite DT(0.5N), (B2): DT(1N) et (C2) : DT(2N) (■: dv/dr (cm³/g. nm); ▲: Vp: Volume poreux cumulé(cm³/g).

III-2-5 Analyse par IRTF

Les spectres infrarouges des échantillons DT et DT(2N) (figure II-5) mettent en évidence, des modes de vibration distincts, caractéristiques des deux minerais étudiées (diatomite naturelle et modifiée) entre 4000 et 400 cm^{-1}. Les résultats ainsi obtenus montrent la présence des bandes d'absorption des vibrations (1300-600) caractéristiques des vibrations symétriques et asymétriques de la liaison Si-O de la silice SiO_2 et celles observées dans le domaine 550-400 cm^{-1} aux vibrations des liaisons Si-O-Si [35-38]. La bande d'absorption la plus intense caractéristique pour les deux solides, située vers 1100 cm^{-1} présente un épaulement caractéristique à la vibration d'élongation asymétrique de la liaison Si-O. Les bandes observées entre 3400 et 3650 cm^{-1} correspondant aux groupements hydroxyles OH de la surface et l'eau préadsorbée par le solide dans l'espace interfoliaire [39-41].

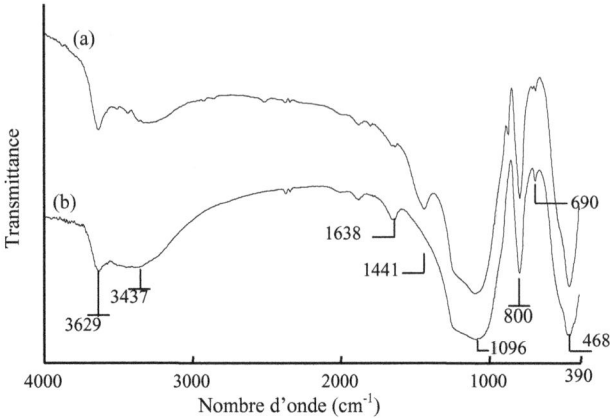

Figure II-5: Spectre I.R de: (a): DT et (b): DT (2N)

La bande centrée vers 1638 cm^{-1} est attribuée aux vibrations de déformation des molécules H$_2$O adsorbées entre les feuillets. Outre la présence de la calcite CaCO$_3$ dans la diatomite DT (spectre (a) est caractérisé par la bande de faible intensité 1440 cm^{-1} attribuée aux vibrations du groupements carbonates. Le spectre I.R de la diatomite DT(2N) (spectre (b)) révèle uniquement la présence des bandes caractéristiques des vibrations de la liaison
Si-O de la silice SiO$_2$ et l'absence de la bande 1440 cm^{-1} cela est dû à l'élimination des carbonates par le traitement acide.

III-2-6 Analyse thermogravimétrique (ATG/DTG)

Les figures II-6 et II-7 donnent le profil obtenu par l'analyse thermogravimétrique des argiles (DT et DT(2N)) et des oxydes commerciaux (Al$_2$O$_3$, TiO$_2$ et SiO$_2$). Le comportement thermique de la diatomite DT et DT(2N) montre globalement des allures similaires (courbe (a1) et (b1) de la figure II-6).

La courbe de l'analyse ATG de DT présente une perte continue de masse jusqu'à 300°C de 4.5% pour la diatomite DT caractéristique de la présence de l'eau hygroscopique dans l'échantillon analysé [42] et montre encore une fois le caractère hydrophile de ce matériau en parfait accord avec de la spectroscopie IRTF. La zone de la courbe située entre 300 et 900°C se divise entre deux zones avec une petite inflexion à 450°C correspond à la décomposition de la calcite CaCO$_3$ et au départ de la matière organique d'origine animale (reste de diatomées pour la diatomite). La perte totale de masse de diatomite est de l'ordre de 11% entre 25 et 800°C.

D'autre part, le comportement thermique de DT (2N) montre une seule perte de masse de l'ordre de 6.5% entre 25 et 800°C, alors que la deuxième perte de masse observée pour DT n'était pas décelé pour DT (2N) cela est dû à l'élimination des carbonates par le traitement acide. Ce résultat a été confirmé par spectroscopie infrarouge et analyse chimique (figure II-5).

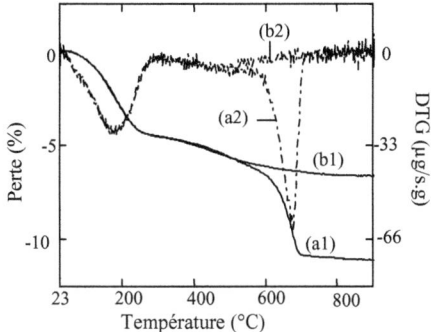

Figure II-6: Courbes A.T.G (1) et D.T.G (2) de: (a) DT et (b): DT (2N)

Les courbes ATG de toutes les matrices oxydes (figure II-7) montrent globalement des allures similaires. Ils indiquent clairement leurs très grandes stabilités thermiques même à des températures très élevées. Ces matériaux présentent une seule perte continue de masse jusqu'à 800°C de 6.65 % pour l'alumine (Al_2O_3) et 2.6 % pour le titane (TiO_2) et 3.65 % pour la silice (SiO_2) traduit toujours la perte de l'eau (déshydratation) et montre encore une fois le caractère hydrophile de ces matériaux. Le dérivé de la courbe de TG (courbe de DTG) peut être employé pour déterminer des points d'inflexion sur la courbe de TG et pour fournir des points de référence pour les mesures du changement de la masse.

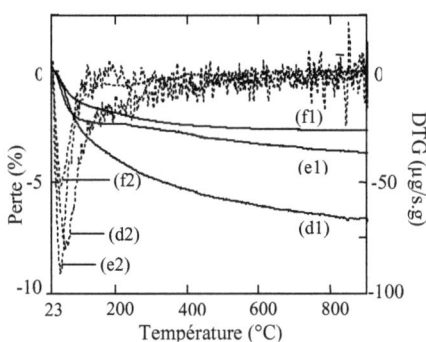

Figure II-7: Courbes A.T.G (1) et D.T.G (2) de: (d) Al_2O_3; (e): SiO_2 et (f): TiO_2

III-2-7 Microscopie électronique à balayage

Nous avons cherché à appuyer les résultats précédents par des analyses morphologiques de diatomite DT et DT (2N) par microscopie électronique à balayage. Les micrographes (MEB) présentés dans la figure II-8 montrent des particules circulaires poreuses plus moins régulières (A1, A2) pour la diatomite DT. L'attaque par l'acide donne lieu à une structure poreuse plus développée de la diatomite brute (image (B1, B2). Ceci est vraisemblablement à l'origine de l'augmentation de la surface spécifique et du volume poreux de diatomite traitée par l'acide [34].

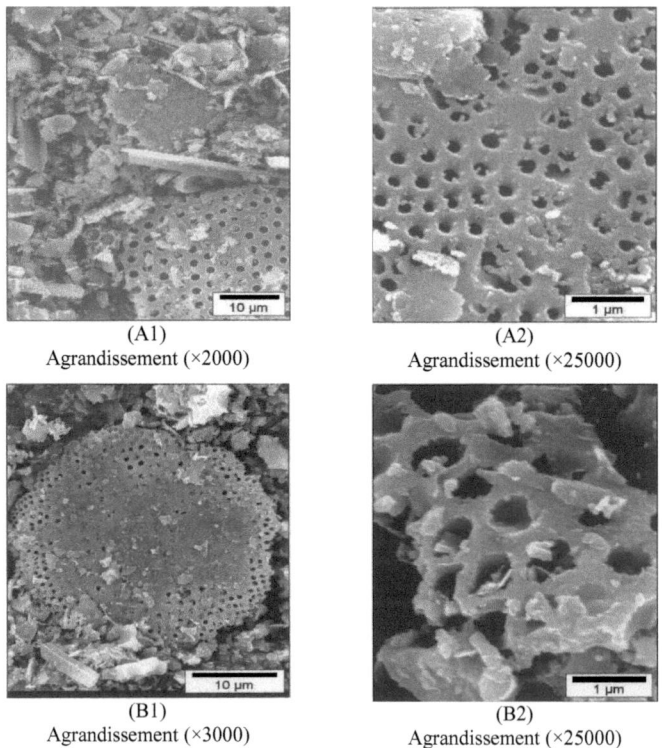

(A1) Agrandissement (×2000)   (A2) Agrandissement (×25000)

(B1) Agrandissement (×3000)   (B2) Agrandissement (×25000)

Figure II-8: Micrographies de microscope électronique à balayage: DT: (A1, A2) et DT (2N): (B1, B2).

IV- Conclusion

Avant de chercher à évaluer les propriétés adsorbantes des matériaux testés dans ce travail, nous avons jugé utile d'étudier leurs caractéristiques texturales et superficielles. Il a été montré que la diatomite est très riche en SiO_2 mais contient de faible proportions de Al_2O_3 et TiO_2. Ces oxydes seront également testés comme adsorbants dans ce travail à titre de références par rapport à la diatomite.

Nous avons mis en évidence les effets apportés par l'activation thermique et chimique de la diatomite. Les résultats obtenus montrent que l'activation chimique de diatomite conduit à une augmentation remarquable de la surface spécifique BET par rapport à celle de diatomite naturelle brute. Il est également observé un développement de la porosité en particulier, pour les pores supérieurs à 2 nm ce qui conduit à l'augmentation du volume poreux par création d'un réseau très poreux ou l'ouverture d'autres pores. Ces résultats montrant la disparition de $CaCO_3$ sans modification notable des autres constituants ont été appuyés à la fois par IRTF et par MEB.

L'analyse thermique (ATG/DTG), pour sa part, montre la grande stabilité thermique des oxydes et des argiles naturelles. La calcination de la diatomite, à une température de l'ordre de 600°C, ne provoque pas une grande modification de sa surface spécifique.

Références bibliographiques

[1] M Suzuki, Carbon 32 (1994) 577

[2] J. Benkhedda, J. N. Jaubert, D. Barth. J. Chem. Eng. Data 45 (2000) 650

[3] J. Benkhedda, J. N. Jaubert, D. Barth, L. Perrin, et M. Bailly J. Chem. Thermodyn. 32 (2000) 401

[4] J. P. Bellat, M. H. Simonot-Grange, S. Jullian, Zeolites 15 (1995) 124

[5] C K. W. Meininghaus, R Prins, Micropor. Mesopor. Mater. 35-36 (2000) 349

[6] J. Pires, A Carvalho, M B. de Carvalho, Micropor. Mesopor. Mater. 43 (2001) 277

[7] D.M. Ruthven, B.K. Kaul, Ind. Eng. Chem. Res. 32 (1993) 2047

[8] J. H. Yun., D. K. Choi, S. H. Kim, Journal AIChE 44(6) (1998) 1344

[9] R. Régis, Application des zéolithes naturelles au traitement des eaux. Rev. Ea. Indu. Nuissances, 129 (juin 1989) 43

[10] J. R. Hufton., D. M. Ruthven, R. P. Danner, Micropor. Mater. 5 (1995) 39

[11] J. Pires., M. B. de Carvalho, F. R. Ribeiro, E. Derouane, Appl. Catal. 53 (1989) 273

[12] A. Ridha, H. Aderdour, H. Zineddine, M. Z. Benabdallah, M. El Morabit, A. Nadiri, Ann. Chim. Sci. Mat. 23 (1998) 161

[13] K. Agdi, A. Bouaid, A. Martin Esteban, P. Fernandez Hernando, A. Azmani, C. Camara, J. Environ. Monit. 2 (2000) 420

[14] K. Agdi, A. Azmani, et H. Kasmi, Journal Int. Et. Environ 4 (2001)

[15] H. Sahraoui, S. Abouarnadasse, N, Allali, Phys. Chem. News. 7 (2002) 110

[16] H. Sahraoui, S. Abouarnadasse, k; Elkamel, A. Nadiri, A. Yakoubi, Ann. Chim. Sci. Mat. 28 (2003) 91

[17] E.-A. Hilali, M. Nataf, Le kieselguhr de Ras Traf et ses possibilités d'application en génie civil, Ministère de l'énergie et des mines, 31(1970) 43

[18] E.-A. Hilali, Géologie et énergie, Ministère de l'énergie et des mines, 49 (1981) 59

[19] J. E. Kiker, Diatomite Filters of Swimming Pools, J. A. W. W. A. 41 (1949) 801

[20] K. Riszki, M. Elmorabit, H. Ballouki, A. Mouhsine et H. Taoufik, Rev. Ea. Indu. Nuissances 2 (1999) 133

[21] R. Mokaya, W. Jones, J. Catal. 53 (1995) 76

[22] E. Srasra, F. Bergaya, H. Van Damme. N. K. Arguib., Appl. Clay. Sci. 4 (1989) 411

[23] E. G. Pradas, M. V. Sanchez, J. C. Sanchez, M. F. Perez, J. Chem. Tech. Biotechnol. 56 (1993) 67

[24] E. Gonzales-Pradas, M. V.-Sanchez, A. G. Campo, Agrochim. 37 (1993) 290

[25] S. Brunauer, P.H. Emmett., E. Teller, J. Am. Chem. Soc. 60 (1938) 309

[26] A.L. McClellan, H.F. Harnsberger, J. Colloid Interface Sci. 23 (1967) 577

[27] K. Agdi., Thèse de Doctorat, Université Abdel Malek Essaadi, Maroc, (2001)

[28] S. Brunauer, L. S. Deming, W. S. Deming, E. Teller, J. Am. Chem. Soc. 62 (1940) 1723

[29] J. H De Boer, «The shape of capillaries» The structure and properties of pourous materials, 68 (1958) 389

[30] B.C. Lippens, J.H. de Boer, J. Catal. 4 (1965) 319

[31] H.Y. Zhu, X.S. Zhao, G.Q. Lu, D.D. Do, Langmuir 12 (1996) 6513

[32] E.P. Barrett, L.G. Joyner, P.P. Halenda, J. Am. Chem. Soc. 73 (1951) 373

[33] F. Gonzales, C. Pesquera, C. Blanco, I. Benito, S. Mendioroz, J. A. Pajares, Appl. Clay Sci. (1989) 373

[34] E G.Pradas, E. V. Sanchez, M. V. Sanchez., F. Del Rey Bueno, A. V. Garcia, A. G. Rodriguez, J. Chem. Tech. Biotechnol. 52 (1991) 211

[35] L. J. Bellamy, The Infra- Red spectra of Complex Molecules, ed. Methuen, 334 (1958) 338

[36] L. J. Bellamy, The Infra- Red spectra of Complex Molecules, 1, 3th Ed, John Wiley and sons New York (1975)

[37] M. Decottignies, J. Phalippou, J. Zarzycki, J. Mater. Sci. 13 (1978) 2605

[38] R. Jabra, J. Phalippou, J. Zarzycki, Rev. Chim. Min. 16 (1979) 245

[39] Moenke, H. H. W., Silica, the three-dimensional silicates, borosilicates and berylium silicates. In: Farmer, V. C. (Ed.), Infrared Spectra of Minerals. The Mineralogical society, London, (1974) 365

[40] S. Caillere, S. Henen et M. Rautureau, Minéralogie des argiles, Masson, Paris (1982)

[41] F. Martin, S. Petit, O. Grauby, M.-P. Lavie, Clay Minerals 34 (1999) 356

[42] C.-A. Jouenne, Traité de céramique et matériaux minéraux, Septima, Paris (1990)

CHAPITRE III
Capacités d'adsorption et de désorption en conditions dynamiques

Ce chapitre présente la méthodologie expérimentale utilisée pour évaluer les performances des solides en terme d'adsorption et de désorption d'un COV de type o-xylène, à l'aide de la spectroscopie IRTF et la chromatographie en phase gazeuse. Par la suite, seront donnés les différents résultats obtenus par les cycles d'adsorption suivis de désorptions isothermes (régénération) puis de désorptions à température programmée (DTP). Ceci donnera accès aux capacités maximales d'adsorption et des fractions réversiblement et irréversiblement adsorbées.

SOMMAIRE

I- Introduction sur les techniques de détermination des quantités

Chapitre III: Capacités d'adsorption et de désorption en conditions dynamiques

adsorbées.. 52
II- Mesure de capacités d'adsorption et de désorption en conditions dynamiques.. 53
    II-1 dispositif utilisant la spectroscopie IRTF........................... 54
        II-1-1 Réacteur, four et système de programmation de température.. 56
        II-1-2 Analyse de la phase gazeuse: Spectrophotomètre infrarouge à transformée de fourrier.. 57
    II-2 dispositif utilisant la chromatographie en phase gazeuse (CPG) comme système d'analyse.. 58
        II-2-1 Dispositif d'injection (Boucle d'échantillonnage)............. 59
        II-2-2 Injecteur... 60
        II-2-3 Colonne capillaire.. 61
        II-2-4 Détecteur à ionisation de flamme (FID)................... 61
        II-2-5 Système d'acquisitions des données......................... 61
III- Procédure d'exploitation quantitative des spectres IRTF et chromatogrammes... 61
    III-1 mesure expérimentale de capacité d'adsorption et de désorption.. 64
        III-1-1 Adsorption isotherme... 65
        III-1-2 Désorption isotherme (quantité réversible)............... 66
        III-1-3 Désorption à Température Programmée (quantité irréversible).. 66
        III-1-4 Méthode de détermination des quantités adsorbées et désorbées.. 66
        III-1-5 Modèle de courbe de percée................................... 67
        III-1-6 Détermination du nombre de sites des adsorbants...... 69
        III-1-7 Détermination de temps de perçage......................... 69
IV- Déterminations des capacités maximales 69
    IV-1 Cas d'adsorption isotherme... 69
        IV-1-1 Adsorption du xylène sur les minerais naturels........... 71
        IV-1-2 Adsorption du xylène sur les oxydes commerciaux....... 73
        IV-1-3 Capacités d'adsorption à différentes concentrations de l'o-xylène... 76
        IV-1-4 Capacités d'adsorption à différentes températures d'adsorption... 78
    IV-2 Cas de désorption isotherme sous He ou N_2................ 80

Chapitre III: Capacités d'adsorption et de désorption en conditions dynamiques

IV-2-1 Désorption isotherme après adsorption de 3600ppmv de xylène sur les solides étudiés à 300 K.. 80

IV-2-2.Effet de la température.. 84

IV-2-3 Effet de pression partielle de l'o-xylène............................ 86

IV-3 Désorption a Température Programmée (TPD)............................. 87

V- Conclusion.. 90

Références bibliographiques.. 92

I- Introduction sur les techniques de détermination des quantités adsorbées

La mesure de quantités de gaz ou de vapeur adsorbées sur des matériaux relève d'une grande importance pour la détermination d'isothermes d'adsorption. Les méthodes pour ceci peuvent être discontinues ou continues. La méthode discontinue, la plus couramment utilisée, consiste à introduire l'adsorbat sous forme d'incréments de pression et attendre le temps nécessaire pour obtenir l'équilibre d'adsorption. La méthode continue, expérimentée par Rouquerol [1], dite méthode d'adsorption en quasi-équilibre permet d'acquérir un très grand nombre de points expérimentaux, ce qui améliore le traitement mathématique des données. Elle suppose que l'équilibre est constamment réalisé entre la phase gazeuse et la couche adsorbée. Cependant, avec certains composés microporeux comme les charbons actifs, la diffusion des molécules dans les micropores peut être très lente, rend difficile l'atteinte instantanée d'état d'équilibre.

Les appareils utilisés pour déterminer les quantités d'adsorbat sont très divers. Ils peuvent être classés en trois techniques principales, selon l'instrument de mesure.

La technique gravimétrique: les quantités adsorbées sont mesurées à l'aide d'une microbalance présentant l'avantage d'une très bonne sensibilité. Elle permet de suivre en continu la masse d'un échantillon au cours de la désorption préalable puis pendant l'adsorption. Le principal inconvénient est lié à l'absence de contact entre l'échantillon à l'intérieur du tube (réacteur) et le thermostat, ce qui peut occasionner des différences importantes de température réelle d'adsorption, et par suite des valeurs erronées de pressions relatives.

La technique volumétrique: elle est à la base de la majorité des appareils commerciaux. Le volume est déterminé par l'intermédiaire de mesure de pression dans une enceinte à volume calibré. Moins sensible que la gravimétrie, c'est une méthode qui peut être très précise si l'on dispose d'un capteur de pression de qualité et si l'on tient compte de toutes les causes d'erreur dans le calcul des volumes adsorbés. Elle peut être facilement automatisée.

La technique chromatographique consiste à mesurer à l'aide d'une cellule à conductivité thermique, le changement de concentration d'un mélange gazeux par suite de l'adsorption de l'un des constituants sur le solide. Les tests sont effectués en régime dynamique selon deux protocoles. Le premier consiste à mettre ou à enlever le piège froid autour de l'échantillon de manière à diminuer ou à augmenter rapidement la concentration de l'adsorbat. Les aires des pics sont alors proportionnelles aux volumes adsorbés. Dans le deuxième, on introduit ou on annule une pression partielle déterminée de l'adsorbat dans le flux du gaz vecteur. Cette technique est simple et rapide, très utilisée initialement par les appareils dits «BET un point», elle trouve maintenant de nouveaux développements pour le tracé en continu des isothermes d'adsorption-désorption.

Autres techniques: utilisant un traceur radioactif, même très dilué, donne lieu à une grande sensibilité pour mesurer la pression d'un adsorbat et donc le volume adsorbé.

Finalement, la méthode calorimétrique couplée à la volumétrie, bien que n'étant pas une méthode très répandue, elle offre un grand avantage de déterminer à la fois les volumes adsorbés et les enthalpies d'adsorption [2-5]. Le couplage de deux informations est très fructueux puisqu'il permet d'interpréter les irrégularités observées sur certaines isothermes d'adsorption, dans le cas des zéolithes par exemple [6].

L'élaboration de méthodes rapides et sûres pour la mesure des quantités de gaz adsorbées représente un problème important, tant de point de vue théorique que pratique. Jusqu'à présent les méthodes statiques volumétrique [7-11] ou gravimétrique [12-16], ont prédominé largement. De mise en oeuvre délicate, elles nécessitent un appareillage relativement complexe et présentent l'inconvénient d'utiliser les solides dans des conditions différentes de celles de son emploi industriel. Dans ce sens, ce travail fait appel à une technique novatrice pour l'évaluation des performances des solides en terme d'adsorption et de désorption de COV. Il s'agira de l'application d'une méthode dynamique sur un banc d'essai expérimental dans des conditions dynamiques (sous flux gazeux, à T donnée et à pression atmosphérique) utilisant l'infrarouge à transformée de Fourier (IRTF) et/ou la Chromatographie en phase gazeuse (CPG) comme systèmes d'analyses.

II- Mesure de capacités d'adsorption et de désorption en conditions dynamiques

L'étude de l'adsorption et désorption de COV sur les solides est réalisée avec deux dispositifs expérimentaux spécifiques développés au Laboratoire. Le premier utilisant un spectrophotomètre IRTF comme système d'analyse et le deuxième la CPG. Les dispositifs expérimentaux ainsi conçus permettent de travailler avec différents flux de gaz à différentes températures à la pression atmosphérique.

II-1 Dispositif utilisant la spectroscopie IRTF

Le dispositif expérimental utilisant la spectrophotométrie IRTF comme système d'analyse (figures III-1 et III-2), a été conçu, assemblé et testé à la Faculté des Sciences et Techniques de Tanger en collaboration avec le Laboratoire d'Application de la Chimie à l'Environnement de l'Université de Lyon. Ce montage permet de réaliser des études d'adsorption et de désorption du COV (o-xylène) dans les conditions dynamiques à l'échelle du laboratoire (microréacteur). Le systéme est constitué d'une installation en acier inoxydable contenu dans une enceinte dite (boite à vannes) thermostaté à 70°C par l'intermédiaire d'un cordon chauffant pour éviter les phénomènes de condensation du COV. Cette boite rassemble des canalisations en acier inoxydable (tube 1/8), les vannes et régulateurs de débits permettant de composer à volonté le mélange gazeux désiré. Les vannes V_{3a} et V_{3b} permettent de sélectionner un gaz, à la pression atmosphérique. Le débit de gaz ainsi sélectionné est régulé par un régulateur V_R (rotamètre R permettant le repérage des débits gazeux inférieurs à 300 ml/min) puis contrôlé par un débitmètre à film de savon DM_i. Trois débits gazeux peuvent être ainsi régulés sur les voies 1, 2 et 3.

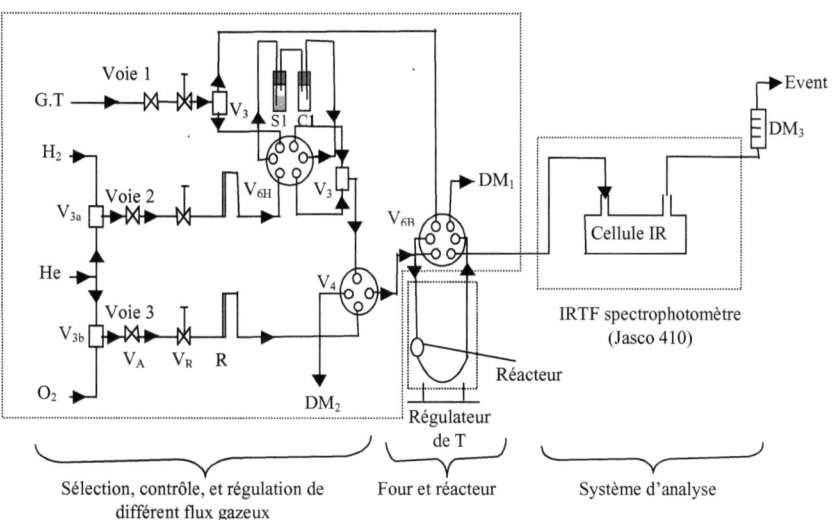

V_A : Vanne d'Arrêt; V_R: Vanne de Régulation; V_3 à V_6: Vannes de permutation entre les différentes circuits; S1: Saturateur; C1: Condenseur ; R: Rotamètre; DM_i: Débitmètres à bulles; GT: Gaz de prétraitement ;
…: Enceinte thermostaté par un cordon chauffant à 70°C

Figure III-1: Appareillage d'adsorption

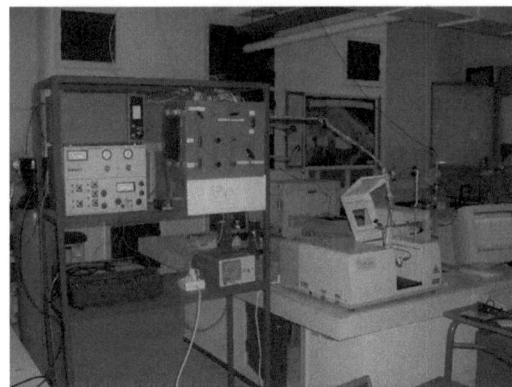

Figure III-2: *Photo du dispositif de mesure de capacités d'adsorption et désorption en isotherme ou à température programmée par la méthode dynamique.*

La vanne à quatre voies V_4 permet d'envoyer l'une des voies 1, 2 ou 3 vers la cellule infrarouge via le réacteur ou vers le débitmètre DM_2. La vanne à 6 voies V_{6H} permet d'insérer un saturateur sur la voie 2 pour introduire un constituant à l'état de vapeur dans la circulation des voies 1 ou 2. La vanne à 6 voies V_{6B} permet d'envoyer au spectromètre Infrarouge le gaz issu soit du réacteur soit de la voie 2, ce qui permet d'analyser un gaz étalon sans passer par le réacteur.

Le saturateur (figure III-3), comprend deux volumes. Le premier sert à l'introduction initiale du liquide, il est thermostaté à une température de telle façon à évaporer le liquide. Le deuxième récipient, le condenseur, dont la température maintenue avec précaution inférieure de la précédente et fixe la pression de vapeur saturante de COV de manière la plus précise.

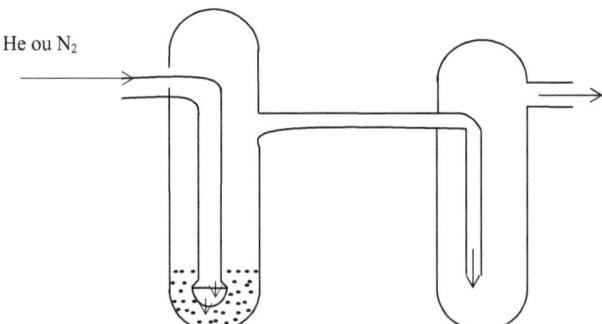

Figure III-3: *Schéma de saturateur*

La pression de vapeur saturante est déterminée en se basant sur des formules empiriques dérivant de l'équation de Clapeyron utilisée pour exprimer la tension de vapeur saturante d'un corps pur en fonction de la température. Dans la présente étude la pression de vapeur saturante P de l'o-xyléne en fonction de la température est donnée à partir de l'équation d'Antoine (III-1):

$$\log P = A - \frac{B}{T+C} \quad \text{(III-1)}$$

Avec: T: la température exprimée en °C et P: pression de vapeur saturante exprimée en torr. Les valeurs des constantes A, B, et C sont respectivement: 6.99891; 1474.679 et 213.69 déterminées à partir des valeurs expérimentales [17-18].

Les différentes concentrations ainsi préparées sont données sur le tableau III-1.

Tableau III-1: *Quelques concentrations de COV (o-xylène) préparés par le système saturateur condenseur*

Température de condenseur (°C)	Pression de vapeur saturante calculée selon l'équation d'Antoine (torr)	Concentration molaire de o-xylène en %
-3	1	0.13
0	1.25	0.165
5	1.802	0.237
11	2.72	0.36
15	3.55	0.46
20	4.88	0.64
23	5.86	0.77

II-1-1 Réacteur, four et système de programmation de température

Le solide initialement en poudre est compressé, fragmentée puis tamisée en grains d'environ 0,8 mm de diamètre avant introduction dans un micro réacteur en quartz (un tube en U de diamètre interne 6 mm et de volume ≈ 1 cm^3) relié au reste du montage via des raccords verre-métal (figure III-4). La charge du solide à étudier de masse comprise entre 0.1 g et 1g, est placée dans le réacteur, et supporté par un bouchon de laine de quartz. Le réacteur est fixé verticalement dans un four électrique équipé d'un système de programmation régulation électronique de température. Ce système permet d'atteindre une température de 1173K avec des vitesses de montée linéaires en température pouvant atteindre 30 K/min. La température de réacteur est donnée par un thermocouple de type nickel chrome, nickel allié dont laquelle la pointe froide est placé au centre du four en contact avec le solide. L'ensemble est calorifugé par fibre d'alumine pour améliorer l'inertie thermique.

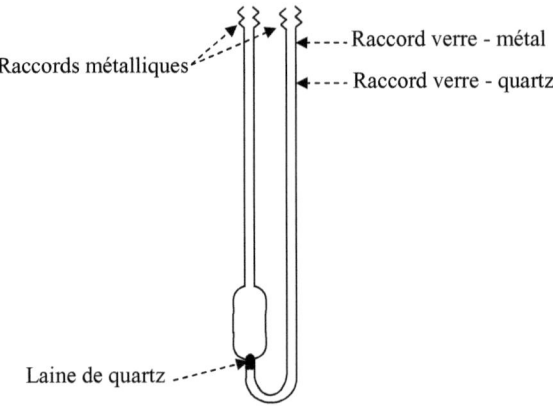

Figure III-4: Schéma du réacteur

II-1.2 Analyse de la phase gazeuse: Spectrophotomètre infrarouge à transformée de fourrier

L'appareil utilisé est un spectromètre IR à transformée de Fourier (IRTF) de type "Jasco-410". Il permet l'acquisition de spectres IR à la fréquence maximale d'un spectre par seconde, l'analyse simultanée des bandes situées dans le domaine 4000-400 cm^{-1}.

Le rayonnement issu de la source IR, traverse la cellule d'analyse (cellule en Pyrex en forme cylindrique de ($\approx$3 cm) de diamètre et de ($\approx$17 cm) de chemin optique. Elle est équipée de deux fenêtres en fluorine CaF_2 qui permettent une analyse IR dans le domaine (4000 – 1000 cm^{-1}). Les rayonnements IR adsorbées par les molécules donnent lieu à des fréquences de vibrations et de rotations caractéristiques. Les spectres d'absorption infrarouge se présentent sous forme de bandes qui correspondent à une succession de raies fines séparées chacune par un écart de longueur d'onde identique. L'intensité de l'absorption est fonction du nombre de molécules présent dans le trajet du faisceau infrarouge. Ainsi, conformément à la loi de Beer-Lambert, la concentration en molécules absorbées est fonction de la longueur du trajet optique. Cette loi exprime la concentration soit en transmission (T) ou en absorption (A=Log1/T) (formule III-2):

$$T = \frac{I}{I_0} = e^{-\varepsilon l C} \qquad \text{(III-2)}$$

Avec: l: longueur du trajet optique (en m), C: concentration en polluant (o-xylène) dans notre cas) (en ppm), ε: coefficient d'extinction moléculaire (en m^{-1}), I$_0$: intensité incidente et I: intensité transmise. Un logiciel de traitement des spectres permet l'exploitation quantitative des résultats: soustraction de spectre, multiplication, lissage. Le traitement quantitatif des spectres IRTF, effectué dans le présent travail se fera sur la base de cette loi après étalonnage de la réponse du système selon la procédure décrite dans le paragraphe III.

II-2 Dispositif utilisant la CPG

Un autre montage utilisant la chromatographie en phase gazeuse comme système d'analyse est montré sur les figures III-5 et III-6. C'est une installation en acier inoxydable similaire à celle décrite précédemment. Elle est constituée de deux voies principales I et II dont la première permet la sélection de quatre gaz grâce à une vanne 5 voies V$_5$. Le débit de gaz circulant sur chacune des voies est contrôlé à l'aide de débitmètre massique manuel (Brooks). Une vanne quatre voies notées V$_4$, permet une permutation du gaz passant dans le réacteur, entre la voie I et la voie II, ou le mélange de deux voies selon la position de la vanne V$_3$. Les vannes V$_{4S}$, permettent d'introduire, si nécessaire, de la vapeur d'un constituant ou deux constituant à l'aide d'un système saturateur-condenseur dans un débit de gaz sélectionné. Les vannes V$_{3R}$, permettent de diriger vers la CPG, soit le gaz issu de réacteur, soit le gaz passant dans les voies I et II. Ceci permet d'analyser un gaz étalon sans perturber le réacteur.

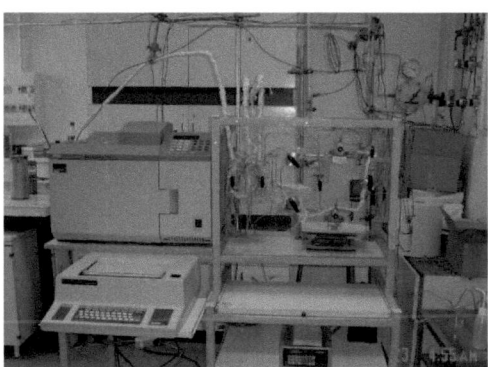

Figure III-5: Photo du dispositif de mesure de capacités d'adsorption et désorption par méthode dynamique utilisant la chromatographie en phase gazeuse comme système d'analyse

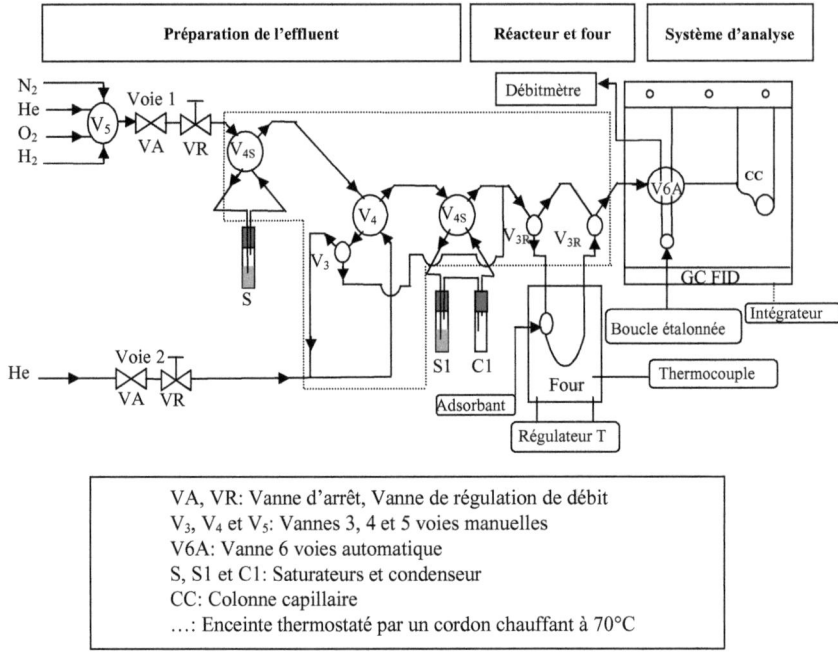

Figure III-6: Appareillage d'adsorption

Les gaz issus de réacteur sont analysés par une chromatographie en phase gazeuse Perkin-Elmer. Elle est équipée des éléments suivants: un dispositif d'injection, un injecteur, une colonne capillaire, un détecteur à ionisation de flamme et un système d'acquisitions des données

II-2-1 Dispositif d'injection (Boucle d'échantillonnage)

Les gaz sont introduits via une boucle d'injection par l'intermédiaire d'une vanne à 6 voies. Le volume de la boucle d'échantillonnage (0.1 cm^3) est alternativement balayé par le mélange à analyser, ou par le gaz vecteur. Ce système permet d'injecter dans la colonne chromatographique, un volume constant via un système d'injection équipé d'une vanne 6 voies. Celle-ci est constituée de deux cylindres en acier superposés et solidarisés selon leur axe. L'un est mobile, l'autre fixe. Le mobile possède trois rainures. Le fixe possède six trous reliés à des sorties extérieurs connectables à des tubulures.

 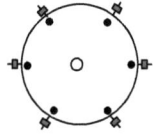

Le mobile, tourne entre deux buttées, autorisant une rotation de 60°. Dans les positions extrêmes, deux circulations de fluides sont autorisées. Si on numérote de 1 à 6 les tubulures du cylindre fixe. Les connections sont les suivantes: (1-2 et 3-4 et 5-6) ou (2-3 et 4-5 et 6-1)

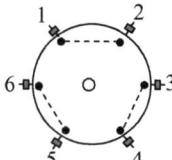 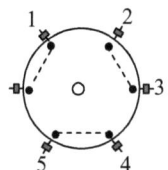

Le montage consiste à relier par une tubulaire en inox (1/16), deux sorties diamétralement opposées, par un tube de volume comparable au volume d'injection désiré. Les autres sorties de part et d'autres du diamètre sont connectées sur le circuit de gaz à analyser et à la place de l'injecteur sur le circuit du gaz vecteur du chromatographe.

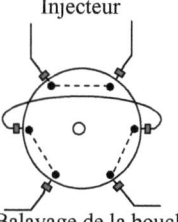 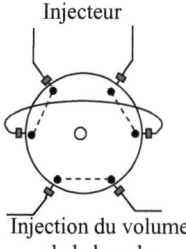

Balayage de la boucle   Injection du volume de la boucle

Dans une position, les gaz à analyser (o-xylène/He) circulent dans la boucle jusqu'à remplissage pendant un temps donnée, dans l'autre position le gaz vecteur traverse la boucle et injecte ainsi l'échantillon dans le chromatographe. La vanne d'injection utilisée est thermostatée à 120°C et automatiquement commandée par un moteur qui donne une bonne reproductibilité des injections.

II-2-2 Injecteur

La chambre d'injection est un volume de faible capacité, parcouru dans sa totalité par le gaz vecteur, qui assure la jonction entre la vanne d'injection et la colonne. Le chauffage assure une volatilisation immédiate et totale de l'échantillon en réglant la température à 120°C dans le cas de notre étude par exemple.

II-2-3 Colonne capillaire

Le chromatographe est équipée de colonne capillaire apolaire, de 15 m, en silice fondue dont la phase stationnaire est en méthyle silicone. La température de la colonne est fixée à 150°C.

II-2-4 Détecteur à ionisation de flamme (FID)

L'analyseur FID comprend un brûleur alimenté à sa base par un mélange d'hydrogène (débit de H_2 de 30 cm^3/min) et de gaz à analyser dans l'enceinte du brûleur, régulée en température, qui comporte latéralement l'arrivée de gaz comburant (dans notre cas de l'air (débit (Air) = 400 cm^3/min). L'avantage du détecteur FID réside dans le fait qu'il répond à la majorité des composés considérés comme organiques. Ce détecteur possède également une bonne sensibilité (limite de détection voisine de 0.1 mg/m^3), ce qui permet de réaliser des mesures effectives de concentrations de l'ordre du mg/m^3.

II-2-5 Système d'acquisitions des données

Le constituant à analyser (xylène) injecté dans le chromatographe est ionisé dans la flamme hydrogène du détecteur créant ainsi un courant, transformé en une tension qui est alors amplifiée. Cette tension délivrée par le détecteur est comprise entre 0 et 1V est envoyée sur un ensemble de ponts diviseurs (atténuateur) qui permettent de le diviser par une puissance de 2 afin de le mettre dans la gamme acceptable d'un intégrateur – enregistreur . Ce dernier est un galvanomètre commandant un plume combiné avec un moteur pas à pas faisant défiler un papier gradué à une vitesse constante. La trace de la plume sur ce papier est un chromatogramme.

L'aire de chaque pic chromatographique enregistré est proportionnelle à la pression partielle de constituant gazeux. L'intégrateur intègre les pics chromatographiques et par la suite, la composition de la phase gazeuse est calculée.

III- Procédure d'exploitation quantitative des spectres IRTF et des chromatogrammes

L'analyse quantitative de l'o-xylène contenu dans le flux gazeux en sortie de réacteur par les deux systèmes d'analyses IRTF ou /et chromatographie en phase gazeuse est effectuée en se basant sur les courbes d'étalonnage de réponses des appareils d'analyses avec différents mélanges à des concentrations préalablement choisies [19, 20]. Ces dernières sont obtenues en fixant la pression de vapeur d'o-xylène à la température du condenseur (point froid, de – 5 à + 23°C). La fraction molaire de l'o-xylène dans le mélange gazeux injecté dans le chromatographe/ou balayé dans la cellule IR est proportionnelle à la surface du pic chromatographique/ ou aire des bandes caractéristiques de l'o-xylène (figure III-7) correspondant:

Soit A_i est l'aire des bandes caractéristiques de l'o-xyléne située entre 2700 et 3200 cm^{-1} et la surface du pic chromatographique enregistrés. Nous aurons: $S_i = k_1$. C_i et $A_i = k_2$. C_i avec $C_i = P_i/P_0 \times 100$ en %, P_i: pression de vapeur saturante en torr, P_0 égale à 760 torr. Les constantes k_1 et k_2, appelées coefficients de réponses dépendent de la nature du composé et de type de détecteur utilisé.

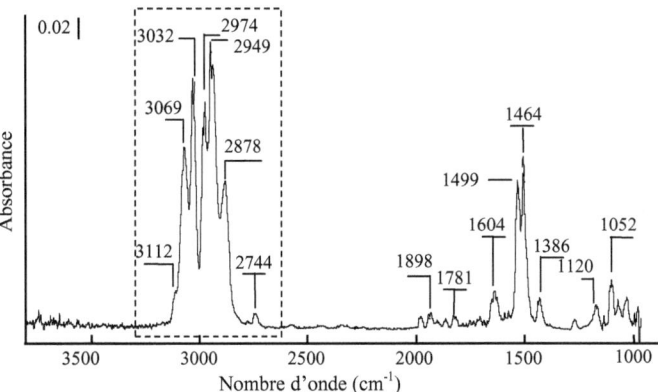

Figure III-7: Spectre Infrarouge de xylène gazeux

L'étalonnage a été effectuée par une série de concentrations données du mélange de N_2 et de la vapeur de COV (o-xylène) dans un domaine de pression de vapeur saturante de o-xyléne de 0 à 5.85 torr pour déterminer les coefficients de réponse k_1 et k_2. La composition de la phase gazeuse est alors donnée par la relation (III-3):

$$C_i = \frac{S_i}{k_1} = \frac{A_i}{k_2} \qquad (III-3)$$

Dans le cas de la spectroscopie IRTF, le traitement quantitatif se fait sur la base de la loi de Beer- Lambert en intégrant les bandes IR du xylène gazeux entre 3200 et 2700 cm^{-1} (figure III-7). L'attribution des bandes infrarouge (tableau III-2) est faite en accord avec la littérature [21, 22].

Tableau III-2: Attribution des bandes IR de l'o-xylène gazeux.

Bande IR (cm^{-1})	Attribution
3112	ν(CH) lié au noyau aromatique
3069, 3032	ν(CH) lié à la liaison C=C
2974, 2949, 2878	ν(CH) de CH_3
1604	ν(C=C)
1499, 1464	ν(CH) de CH_3 asymétriques

Les spectres IR de l'o-xylène enregistrés sont montrés sur la figure III-8. L'intégration de ces bandes dans le domaine spectrale situés entre 2700 et 3200 cm^{-1} permet de tracer la courbe d'étalonnage de l'IRTF vis-à-vis de l'o-xyléne Ai = f(Ci).

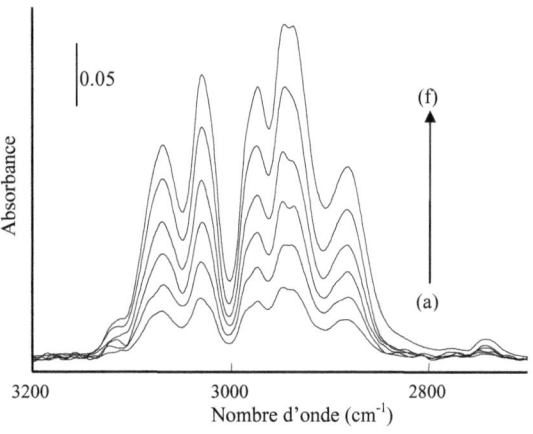

Figure III-8: Les bandes Infrarouges de l'o-xyléne (3200-2700 cm^{-1}) à différentes pressions partielles: (a)-(f); 1.25; 1.802 ; 2.72; 3.55; 4.6 et 5.86 Torr.

Dans le cas de la chromatographie en phase gazeuse, chaque mesure est réalisée par injection d'un même volume de l'o-xylène pur dans la colonne chromatographique à un intervalle du temps constant (~4 min) (figure III-9) en modifiant la pression partielle de celui-ci dans la boucle d'échantillonnage par l'intermédiaire de saturateur-condenseur. L'intégration des pics chromatographiques de l'o-xylène permet de tracer la courbe d'étalonnage de la chromatographie en phase gazeuse vis-à-vis de l'o-xyléne S_i = f(Ci).

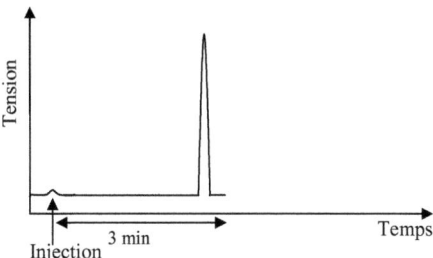

Figure III-9: Spectre chromatographique de l'o-xyléne

Les courbes d'étalonnage de l'o-xylène vis-à-vis les deux systèmes d'analyse $A_i = f(C_i)$ et $S_i = f(C_i)$ sont représentées respectivement sur la figure III-10. On peut admettre que la réponse du IRTF ainsi que la CPG vis-à-vis de xylène est linéaire pour des concentrations allant de 0.1 % à 0.8 % o-xylène dans le gaz inerte (N_2 ou He).

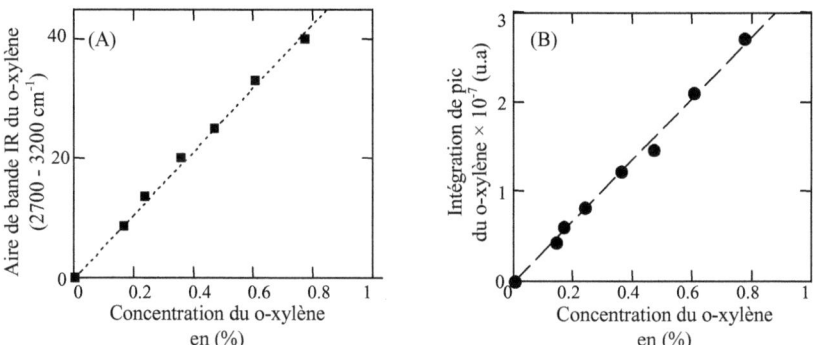

Figure III-10: Etalonnage des systèmes d'analyses (IRTF et CPG) vis-à-vis de l'o-xylène: (A): Infrarouge à Transformée de Fourier (IRTF) et (B): Chromatographie en Phase Gazeuse (CPG)

III-1 Mesure expérimentale des capacités d'adsorption et de désorption

L'évaluation des capacités adsorbées et desorbées est faite dans des conditions dynamiques à la pression atmosphérique. Le protocole expérimental consiste à réaliser un cycle contenant une étape d'adsorption suivie par désorption isotherme, jusqu'à ce que le signal atteigne la ligne de base, ensuite une désorption à température programmée. En général, ce cycle est répété au moins trois fois après prétraitement du solide.

Le cycle commence lorsque la température d'adsorption est atteinte et l'équilibre thermique est réalisé, le gaz vecteur est envoyé à débit connu en dehors du solide jusqu'à l'obtention d'une ligne de base stable. A l'instant t_0 (t=0), ce gaz vecteur pur est remplacé par le mélange (constitué d'un fluide porteur, l'hélium ou l'azote) et le mélange modèle. A l'instant t_0, le mélange porteur- o-xylène est introduit sur le solide, le suivi de la concentration en sortie de réacteur par traitement quantitatif des spectres IRTF ou les chromatogrammes permet l'obtention des courbes présentées dans la figure III-11. La courbe située entre le temps ($0 \leq t_i \leq t_a$) est appelé courbe de percée, la courbe $C_i/C_0 = f(t_i)$ tel que ($t_a \leq t_i \leq t_d$) s'appelle courbe de désorption isotherme alors que la courbe située entre t_d et t_f est la courbe de désorption à température programmée (figure III-11), (avec C_i: fraction molaire de COV (o-xylène) dans le mélange gazeux en % au temps t_i (min) et C_0: fraction molaire initiale introduite en o-xylène (C_0= P/P$_0$× 100 en %) avec: P: Pression de vapeur saturante en torr et P_0: Pression totale est égale à 760 torr.

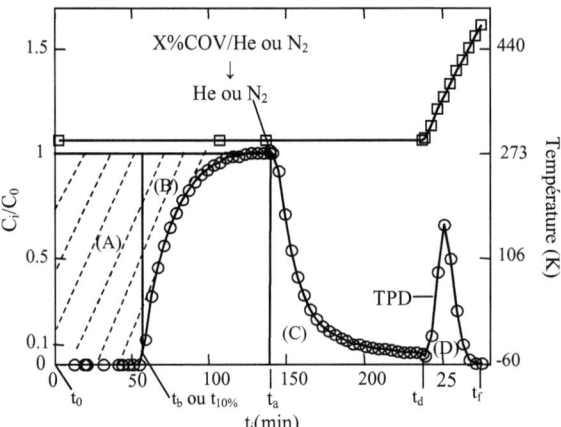

Figure III-11: *Cycle d'adsorption isotherme / désorption isotherme/ TPD de 0.36% o-xylène/He sur Al$_2$O$_3$*

III-1-1 Adsorption isotherme

L'o-xylène étant, au début de l'adsorption, totalement adsorbé par le solide, seul le gaz vecteur se retrouve à la sortie. La concentration en effluent étudié reste donc nulle, on observe un palier prolongeant la ligne de base initial. Au fur et à mesure que l'adsorbant se sature, le signal se manifeste en une courbe ascendante à front raide suivi d'un nouveau palier indiquant l'équilibre adsorption – désorption. La concentration devient égale à celle d'entrée (C_i/C_0=1).

L'équilibre étant maintenu, le mélange gaz vecteur - o-xylène est remplacé à l'instant t_a par le gaz porteur pur (He) (par court –circuit (by pass) de saturateur).

III-1-2 Désorption isotherme (quantité réversible)

A partir de t_a, le gaz vecteur pur élimine progressivement le COV (o-xylène) réversiblement adsorbé et on observe une courbe descendante qui revient à la ligne de base initiale après un certain temps. Cette désorption s'effectue à la même température que l'adsorption permettant de quantifier les espèces réversiblement adsorbées.

III-1-3 Désorption à Température Programmée (quantité irréversible)

L'o-xylène réversible étant éliminé de la surface de l'adsorbant, une désorption à température programmée (TPD) est nécessaire pour assurer une désorption complète. Il s'agit alors de désorber les espèces irréversiblement ou plus fortement adsorbées comme montre la figure III-11, cette étape commence à partir de t_d, lorsque la température du four est augmentée par programmation linéaire jusqu'à une température T_f donnée.

III-1-4 Méthode de détermination des quantités adsorbées et désorbées

Les quantités correspondantes à la capacité maximale d'adsorption (la fraction réversible et irréversible) sont déterminées par intégration des différentes surfaces suivantes:

La surface A du graphe de la figure III-11 représente l'adsorption de percée,
La surface hachurée (A+B) du graphe représente l'adsorption totale,
La surface C représente l'adsorption réversible,
La surface D représente l'adsorption irréversible.
Cette approche de calcul est basée sur les trois hypothèses ci-après:

- le débit est constant tout au long du lit d'adsorption (débit identique en entrée et sortie). Ceci étant réalisé en travaillant avec des faibles pressions partielles de xylène.
- le système adsorbant/adsorbat se trouve à température constante.
- l'équilibre entre phase adsorbée et phase gaz à la fin de l'expérience.
L'application de bilan de matière entre l'entrée et la sortie de réacteur donne l'équation (III-4):

$$F \int_0^{t_s} (C_0 - C_i) dt = mQ_{tot} + \varepsilon_{lit} V C_0 \qquad (III-4)$$

où C_0 et C_i sont respectivement la concentration d'entrée et la concentration de l'effluent en sortie de réacteur, F le débit molaire de mélange X% xylène/He traversant le réacteur en mole/min, mesuré à pression atmosphérique, m la masse d'adsorbant placé dans le réacteur en gramme., Q_{tot} la quantité du gaz adsorbé, ε_{lit} la porosité du lit et V le volume du lit.

Il est possible de négliger la fraction de COV contenues dans le volume mort dans le réacteur devant la quantité adsorbée et donc le dernier terme de l'égalité (III-4). La quantité adsorbée Q_{tot} à l'équilibre avec la composition de l'effluent d'entrée est donc:

$$Cap_{100\%} = Q_{tot} = \frac{F}{w} \int_0^{t_a} (C_0 - C_i) dt \qquad (III-5)$$

Q_{tot} est donc, au coefficient F/w près, l'aire hachurée sur la figure III-11, dans le cas de l'adsorption d'un seul composé.

L'intégration des surfaces notées A+ B, C et D permet de déterminer respectivement les valeurs des quantités totales adsorbées, quantités réversiblement adsorbées et les quantités irréversiblement adsorbées. Dans ce travail, nous avons utilisé la méthode d'intégration numérique (méthode de trapèze) pour l'intégration des différentes surfaces ci-après:

Quantité totale d'adsorption en µmole/g: Q_{tot} ou $Cap_{100\%} = \frac{F}{w} \int_{t_0}^{t_a} (C_0 - C_i) \cdot dt \qquad (III-6)$

Surface (A+B) entre 0 et t_a

Quantité réversiblement adsorbée en µmole/g: $Q_{rév}$ ou $Cap_{rév} = \frac{F}{w} \int_{t_a}^{t_d} C_i \cdot dt \qquad (III-7)$

Surface (C) entre t_a et t_d

Quantité irréversiblement adsorbée en µmole/g: $Q_{irrév}$ ou $Cap_{irrév} = \frac{F}{w} \int_{t_d}^{t_f} C_i \cdot dt \qquad (III-8)$

Surface (D) entre t_d et t_f

Quantité d'adsorption de percée en µmole/g: $Q_{percée}$ ou $Cap_{10\%} = \frac{F}{w} \int_0^{t_b} (C_0 - C_i) \cdot dt \qquad (III-9)$

Surface (A) entre 0 et t_b

Avec: F: le débit molaire de mélange X% o-xylène/He en mole/min, mesuré à pression atmosphérique et w: la masse de solide en gramme.

III-1-5 Modélisation de courbe de percée

Plusieurs modèles ont été proposés pour prévoir les courbes de percées lors de la physisorption de vapeurs organiques: L'expression de Mecklenburg [23]; l'équation de

Wheeler modifié [24,25]; l'équation de Wheeler-Jonas [26,27]; et l'équation de Yoon-Nelson [28-29]. Toutes ces équations reposent sur le modèle d'une cinétique d'adsorption de premier ordre et basés sur un bilan de matière supposant que la quantité de vapeur entrant dans le réacteur égale à la quantité de la vapeur adsorbée plus la quantité de la vapeur sortant le réacteur. Les similitudes entre ces modèles ont été analysées près de Yoon et Nelson (1984). Parmi ces derniers, l'équation de Wheeler-Jonas est la plus répandue pour prédire la courbe de percée des composés organiques [30]. Il a une forme simple, avec quelques paramètres aisément fournis par la littérature ou à partir des fabricants de solide, pouvant apporter de bonnes prévisions pour les temps de percée [31-33].

L'équation de Wheeler-Jonas (III-10) ne peut être valable que pour de faibles concentrations en sortie sous un débit constant, puisque l'équation prévoit une concentration exponentiellement croissante en sortie avec du temps.

$$t_b = \frac{W_e W}{C_0 Q} - \frac{W_e \rho_B}{k_v C_0} \ln\left[\frac{(C_0 - C_i)}{C_i}\right]. \quad (III-10)$$

t_b représente le temps nécessaire à l'apparition de la concentration C_i à la sortie du système, W_e la capacité d'adsorption maximale du solide dans les conditions choisies, C_0 la concentration initiale, Q le débit à l'entrée de réacteur, W la masse du solide, ρ_B la densité apparente du solide et k_v la constante de vitesse dépendant du système.

Yoon et Nelson [28] ont présenté un modèle semi-empirique de l'adsorption de gaz qui donne une équation (III-11) susceptible de prédire la courbe de percée. Ce modèle donne la concentration en sortie comme suit:

$$C_i = C_0 \times \frac{1}{1 + \exp\left[\kappa'(\tau - t)\right]} \quad (III-11)$$

avec: C_0: la concentration initiale, C_i: concentration sortant de réacteur, κ': constante de vitesse et τ: temps de percée ($t_{50\%}$) à $C_i/C_0 = 0.5$

L'équation (III-11) peut être écrite sous la forme suivante:

$$\ln\left(\frac{C_i}{C_0 - C}\right) = \kappa'(t - \tau) \quad (III-12)$$

Elle est donc possible de déterminer, à partir des données expérimentales, les paramètres κ' et τ respectivement à partir de la pente et l'ordonnée à l'origine de droite de la courbe $\ln\left(\frac{C_i}{C_0 - C_i}\right)$ en fonction de temps d'adsorption t.

III-1-6 Détermination du nombre de sites des adsorbants

Il est important de pouvoir déterminer le nombre de sites d'un solide mis en jeu dans les phénomènes d'adsorption et/ou de réactions à partir des quantités de gaz adsorbées. Ainsi, si l'on admet qu'une molécule de gaz se fixe sur un site, nous aurons:

$$\text{Nombre de sites/g de solide: } \frac{Q_{tot}.N.10^{-6}}{m} \quad \text{(III-13)}$$

Avec: N: nombre d'Avogadro= 6.10^{23} molécules/mol

III-1-7 Détermination de temps de perçage

Le temps de percé (t_b ou $t_{10\%}$) est déterminé à partir du moment où une concentration de l'ordre de 10% par rapport à C_0 est atteinte en sortie de réacteur la valeur de $C_i/C_0 = 0.1\%$. Le temps de percée totale (t_a ou $t_{100\%}$) est le temps nécessaire pour atteindre la saturation de solide (la concentration en entrée de réacteur est égale à la concentration en sortie de réacteur).

IV- Détermination des capacités maximales

Les tests d'adsorption ont été réalisés avec des masses de 1g pour les minerais DT et DT(2N), 0.5g pour Al_2O_3, TiO_2 et 0.1 g pour SiO_2. L'échantillon est comprimé sous forme d'une pastille puis fragmenté pour obtenir des grains de l'ordre de 500 µm qui seront ensuite placés dans le réacteur en quartz. Après traitement des solides dans le réacteur (pour les argiles et pour les oxydes) sous courant continu d'un gaz inerte (He ou N_2) respectivement à des températures 473 K et 573 K de telle façon à évacuer l'air et l'humidité, le solide est refroidie sous débit d'He à la température ambiante et se conforment aux analyses préalables (ATG-DTG).

Nous détaillons, ci après, l'application de la procédure décrite auparavant pour le cas d'un mélange d'o-xylène de 0.36% sur diatomite à 300K.

IV-1 Cas d'adsorption isotherme

La figure III-12 présente l'évolution des bandes IR de l'o-xylène au cours de l'adsorption de 0.36% o-xylène/He sur la diatomite (DT) à 300 K. Les intensités de ces bandes IR augmentent progressivement en fonction du temps d'adsorption sans que leurs positions soient modifiées par des productions de nouvelles bandes IR (ces résultats ont été confirmés par la chromatographie en phase gazeuse (figure III-13)). Ceci a été le cas pour tous les solides testés dans notre étude. Ce qui montre que durant l'adsorption de l'o-xylène, aucune réaction catalytique n'a eu lieu.

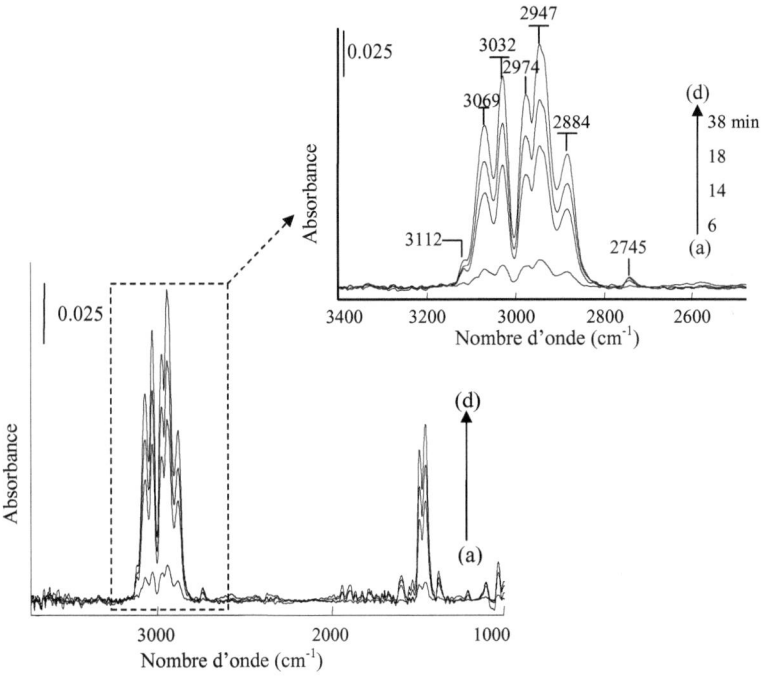

Figure III-12: Evolution des bandes IR caractéristiques de xylène au cours de son adsorption sur la Diatomite (DT) à 300K; (a)-(d) 6, 14, 18 et 38 minutes.

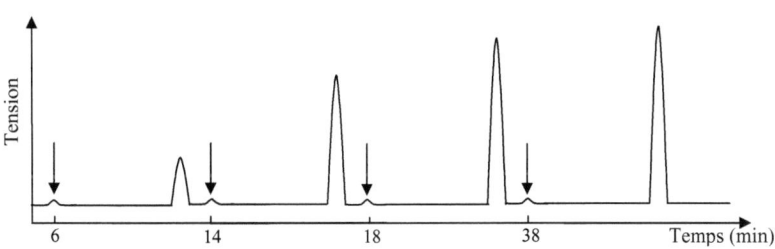

Figure III-13: Chromatogramme obtenu lors de l'adsorption de 0.36% o-xylène/He sur la Diatomite (DT) à 300K.

Le traitement des spectres IR par intégration des bandes infrarouges situées entre 3200 - 2700 cm^{-1} en prenant en considération la courbe d'étalonnage du système IRTF vis-à-vis de xylène permet de représenter l'évolution de la concentration de xylène dans le flux gazeux en sortie de réacteur en fonction de temps donc l'obtention de la courbe de percée (figure III-14).

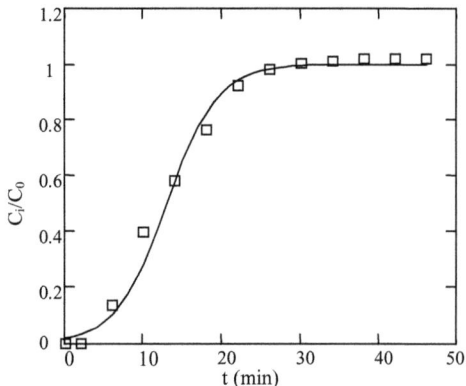

Figure III-14: *Courbe de percée de mélange 0.36% xylène /He sur la diatomite (DT)*

IV.1.1 Adsorption du xylène sur les minerais naturels

La même procédure a été adoptée pour mettre en évidence l'effet de l'activation du minerai naturelle sur la capacité d'adsorption et donne lieu aux courbes de percées de DT et DT(2N) données sur la figure III-15.

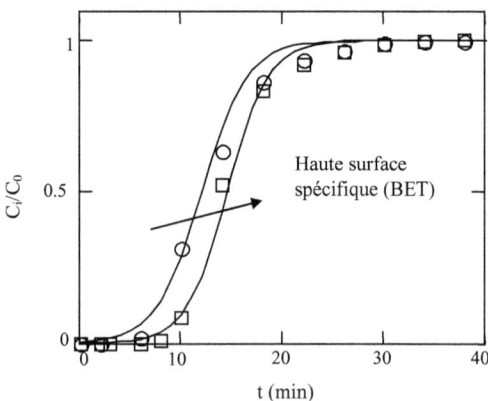

Figure III-15: *Courbes de percées comparatifs lors de l'adsorption de 0.36% xylène/He sur: □, 1g de DT(2N) et ○, 1g de DT; −, courbes théoriques.*

Pour les deux solides, ces courbes ont la même allure, présentant un palier prolongeant la ligne de base. Par contre le temps de percée ($t_{10\%}$) et le temps de saturation ($t_{100\%}$) de la diatomite traitée (DT(2N)) sont plus longues à ceux observés dans les mêmes conditions sur la diatomite brute (DT). Ceci se traduit par une différence dans les valeurs de capacités d'adsorption comme indiquée dans la figure III-16 et le tableau III-3.

Après environ 34 et 30 min de contact respectives sur DT(2N) et DT avec l'o-xylène, l'efficacité devient nulle et le système adsorbat/adsorbant atteint son équilibre ce qui se traduit par l'obtention d'une concentration $C_i/C_0=1$. Le processus d'adsorption de xylène sur les deux minerais se déroule en deux étapes (rapide et lente), ces deux étapes sont contrôlées vraisemblablement par deux mécanismes: transfert de l'adsorbat sur l'adsorbant par une diffusion du film de surface (diffusion externe) et une diffusion dans les pores du solide (diffusion dans la particule) [34-37].

L'étape rapide, au cours de laquelle ≈ 40-60% ($= \dfrac{Cap_{10\%}}{Cap_{100\%}} \times 100$) de la quantité totale de l'o-xylène adsorbée sur les solides est retenue dans un temps de l'ordre de 6 à 12 min. Cette étape peut être contrôlée par un transfert de l'adsorbat sur l'adsorbant par diffusion extragranulaire à travers du film de surface (diffusion externe) [38], alors que la deuxième étape est lente, au cours de laquelle 40 - 60% de la quantité totale de xylène adsorbée est retenue pendant 22 à 24 min (= $t_{100\%}$- $t_{10\%}$) d'adsorption. Ce qui signifie qu'au delà de ce temps, il devient de plus en plus difficile pour les molécules de xylène de s'adsorber sur les argiles. Cette étape peut être contrôlée principalement par la diffusion dans les pores du solide (diffusion dans la particule).

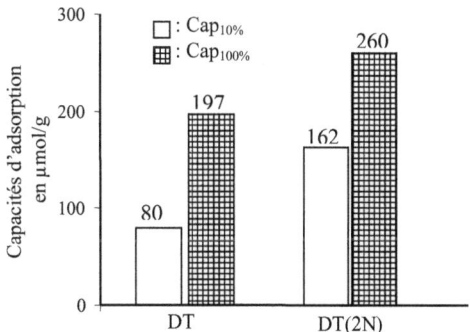

Figure III-16: *Comparaisons des quantités de l'o-xylène adsorbées sur la diatomite DT et DT(2N) lors de l'adsorption de 3600 ppmv de xylène à la température ambiante.*

Tableau III-3: *Comparaisons des capacités, temps de percée et totale des argiles issues des expériences de courbes de percée*

Minerai diatomite	temps ($t_{10\%}$) (min)	$Cap_{10\%}$ à (C_i/C_0=10%) (μmol/g)	temps ($t_{100\%}$) (min)	$Cap_{100\%}$ à (C_i/C_0=100%) (μmol/g)
DT(2N)	12	162	34	260
DT	6	80	30	197

L'augmentation de la capacité d'adsorption totale et de percée de DT(2N) par rapport à la diatomite DT est attribué à l'augmentation de sa surface spécifique BET par activation chimique.

Les valeurs de capacités d'adsorption données dans la littérature pour une pression de 2.72 torr de xylène sur des matériaux tels que la zéolithe de type MCM-22 [39], le sol de Webster (2,6 m^2/g) [40], la kaolinite (13,6 m^2/g) [40] et HP de Webster (33 m^2/g) [40] sont respectivement 111, 75, 70, et 160 μmol/g. Il est à noter que ces valeurs sont inférieures à celles obtenues avec la diatomite brute DT (197 μmol/g) et la diatomite activée DT(2N) (260 μmol/g). Par contre les solides tels que le charbon actif AC40 (1300 m^2/g) [41], le charbon actif CA (990 m^2/g) [16], et le gel de silice (535 m^2/g) [16], ont des capacités respectives 4666, 1000, et 751 μmol/g. Ces valeurs sont supérieures à celles obtenues avec les diatomites brute et activée. Cela n'est pas étonnant puisque ces solides présentent des surfaces spécifiques largement supérieures à celles des diatomites brute et traitée. Il est à remarquer que la zéolithe présente une faible capacité d'adsorption de xylène même si elle possède une surface spécifique relativement élevée.

L'expression des capacités d'adsorption rapportées en unité de surface (μmol/m^2) conduit à des valeurs de 3.6, 1 et 1.4 respectivement pour le charbon actif AC40 [41], le charbon actif (CA), et le gel de silice. Ainsi, les valeurs de 9.12 et 9.4 μmol/m^2 obtenues pour DT(2N) et DT sont supérieures à celles de charbon actif et le gel de silice.

IV.1.2 Adsorption du xylène sur les oxydes commerciaux

La même démarche a été adoptée avec les oxydes commerciaux (Al$_2$O$_3$, TiO$_2$ et SiO$_2$) donne lieu à des courbes de percées donnés dans la figure III-17. L'efficacité de la silice et de l'alumine atteint son maximum (=100%) pour un temps plus long ($t_{0\%}$(SiO$_2$ et Al$_2$O$_3$)=30 min/g) que ceux obtenus sur l'oxyde de titane ($t_{0\%}$(TiO$_2$))= 14 min/g). Au delà de $t_{0\%}$ correspondant à la concentration en sortie de réacteur est égale toujours à zéro, l'efficacité des solides diminue progressivement en fonction de temps d'adsorption. Après environ 78, 54 et

30 min de contact entre les masses respectives de (0.5g) Al_2O_3, TiO_2 et (0.1g) SiO_2 le système adsorbat/adsorbant atteint un équilibre due à la saturation du solide.

Comme dans le cas de diatomite le processus d'adsorption du xylène sur les oxydes se déroule en deux étapes, une étape rapide, au cours de laquelle $\approx$ 30-50% de la quantité totale de l'o-xylène adsorbée sur les solides est retenue pendant un temps situé entre $\approx$ 5-17 min. La deuxième étape est lente, au cours de laquelle 50-70% de la quantité totale de l'o-xylène adsorbée est retenue au plus de $\approx$ 25-61 min (=$t_{100\%}$- $t_{10\%}$) d'adsorption, ce qui signifie qu'au delà de ces temps, les molécules de xylène trouvent des difficultés pour avoir accès aux espaces vacants (site d'adsorption).

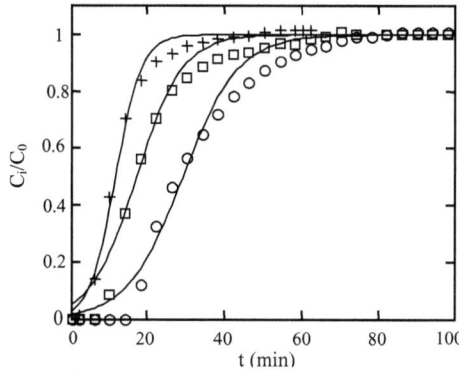

Figure III-17: *Courbes de percée comparatifs lors de l'adsorption de 0.36% xyléne/He sur:*
○, *0.5g de Al_2O_3;* □, *0.5 g de TiO_2 et* +, *0.1 g de SiO_2;* −, *courbes théoriques.*

Le temps de percée ($t_{10\%}$) et le temps d'adsorption totale ($t_{100\%}$) sont inférieurs sur la silice par rapport à γ-Al_2O_3 et TiO_2. Notons cependant que la masse utilisée pour la silice (=0.1g) est inférieure que celle de l'alumine et de l'oxyde de titane (=0.5g). Pour comparer le temps de percée ($t_{10\%}$) et le temps de saturation ($t_{100\%}$) des oxydes commerciaux étudiés, tous ces temps ont été normés à une masse de 1 g. D'après l'équation Jonas [26-27], le temps de percée est proportionnel à la masse de l'adsorbant. Si on évalue, les temps de percée en (min/w) (w: masse de solide), on trouve que le temps de percée relatif à la silice ($\approx$ 50 min) est largement plus long que le temps de percée des deux autres solides tels que l'alumine ($\approx$ 34 min) et le titane ($\approx$ 22 min).

Pour une comparaison plus facile, nous avons regroupés dans le tableau ci-après (III-4) les capacités d'adsorption des différents oxydes par g du solide

Tableau III-4: *Comparaisons des capacités, temps de percée et totale des oxydes issues des expériences de front de percée*

Oxydes	temps ($t_{10\%}$) (min)	$Cap_{10\%}$ à ($C_i/C_0=10\%$) ($\mu mol/g$)	temps ($t_{100\%}$) (min)	$Cap_{100\%}$ à ($C_i/C_0=100\%$) ($\mu mol/g$)
Al_2O_3	17	472	78	942
TiO_2	11	292	54	547
SiO_2	5	577	30	1913

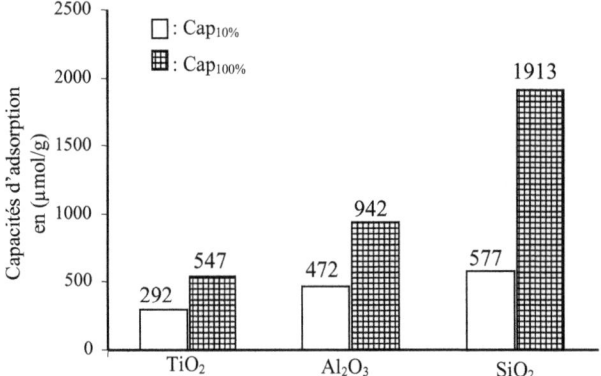

Figure III-18: *Comparaisons des quantités de l'o-xylène adsorbées sur les oxydes commerciaux lors de l'adsorption de 3600 ppmv de xylène à la température ambiante.*

Les expériences d'adsorption réalisées sur différents solides à une concentration et à débit fixe à la température ambiante permettent de comparer les propriétés adsorbantes en terme de capacités adsorbées ($Cap_{10\%}$, et $Cap_{100\%}$) et de temps de percée à partir d'une simple courbe de percée. Il s'avère que la silice a une capacité d'adsorption plus grande que l'alumine et l'oxyde de titane (figure III-18).

[($Cap_{100\%}(SiO_2)$> $Cap_{100\%}Al_2O_3$)> $Cap_{100\%}(TiO_2)$ > $Cap_{100\%}(D(2N))$ > $Cap_{100\%}(DT)$]

Bien que les diatomites (DT) et DT(2N) présentent des surfaces spécifiques peu élevées de l'ordre de (21-29 m^2/g), les résultats obtenus montrent l'intérêt des matériaux naturels dans le phénomène d'adsorption.

IV.1.3 Capacités d'adsorption à différentes concentrations d'o-xylène

La détermination des capacités d'adsorption à 300K avec des flux gazeux contenant différentes concentrations de xylène (1000, 1650, 2370, 3600, 4600 et 6400 ppmv) est effectuée à partir des courbes de percées obtenues avec les minerais et les oxydes, sont représentées respectivement dans les figures III-19 et III-20. Il est à noter que dans tous les cas, ces courbes présentent une allure semblable avec des fronts de perçage raides. De même le processus d'adsorption de xylène n'a subit aucun changement en fonction de concentration.

Les temps de percée diminuent de 14 à 4 min pour DT et de 16.5 à 9.75 minutes dans le cas de DT(2N) quand la concentration à l'entrée de réacteur augmente de 1650 à 4600 ppmv. De même le temps d'adsorption totale diminue de 42 à 30 pour DT et DT(2N) indiquant que les solides se saturent rapidement au fur et à mesure que la concentration augmente. Les mêmes allures s'obtiennent pour les oxydes, sauf que les temps de percées ne dépassent pas 32 min pour tous les oxydes.

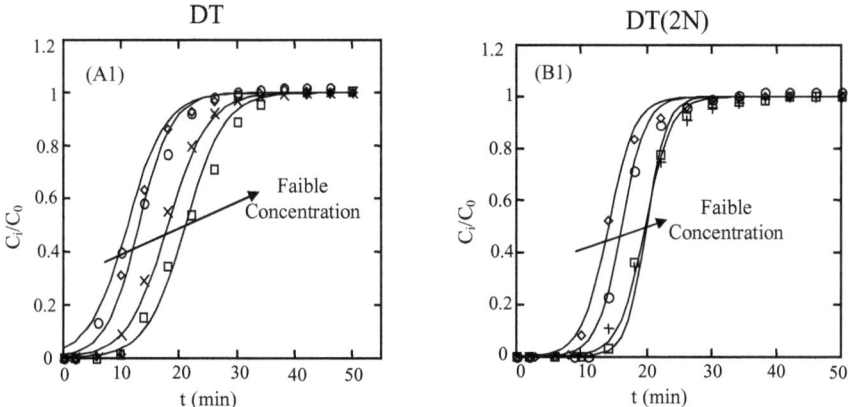

Figure III-19: courbes de percée comparatives de xylène sur les minerais, influence de concentration;
(A1): (1g de DT); □, 1650; ×, 2370; ○, 3600; ◊, 4600 ppmv
(B1): (1g de DT(2N)); □, 1650; ×, 2370; ○, 3600; ◊, 4600 ppmv

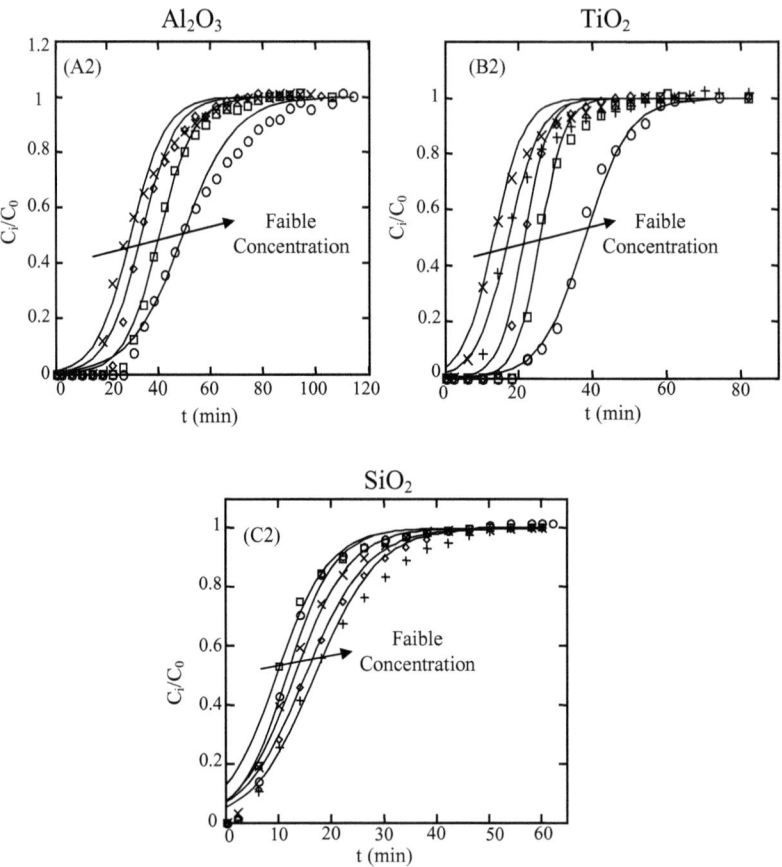

Figure III-20: Courbes de percées comparatives de xylène sur les oxydes commerciaux, influence de concentration;
(A2): (0.5 g de Al_2O_3); ○,1400; □,1650; ◊,2370; ×,3600 ppmv
(B2): (0.5 g de TiO_2); ○,1420; □,1650; ◊,2370; +,3600; ×,4600 ppmv
(C2): (0.1 g de SiO_2); +,1000; ◊,1650; ×; 2370; ○,3600; □,4600 ppmv
−, courbes théoriques.

Quand la pression partielle du xylène dans le mélange gazeux diminue, la quantité de xylène exprimée en μmole/g adsorbée sur les solides diminue également. Par conséquent, la saturation des adsorbants se produit dans un temps ($t_{100\%}$) relativement plus long (tableaux III-5 et III-6). Ce résultat a été observé aussi par d'autres auteurs tel que Das et al [42] pour l'adsorption de toluène sur ACF; Gupta et al [43] dans le cas de l'adsorption de sulfur-dioxide sur les zéolites.

Tableau III-5: Capacités d'adsorption sur les minerais à différentes concentrations d'o-xylène

concentration de xylène en ppmv	DT(2N)		DT)	
	Cap$_{10\%}$ (µmol/g)	Cap$_{100\%}$ (µmol/g)	Cap$_{10\%}$ (µmol/g)	Cap$_{100\%}$ (µmol/g)
1650	108	136	87	123
2370	136	196	86	155
3600	162	260	80	197
4600	168	284	74	223
6400	175	340	88	255

Tableau III-6: Capacités d'adsorption sur les oxydes à différentes concentrations d'o-xylène

concentration de xylène en ppmv	Al$_2$O$_3$		TiO$_2$		SiO$_2$	
	Cap$_{10\%}$ (µmol/g)	Cap$_{100\%}$ (µmol/g)	Cap$_{10\%}$ (µmol/g)	Cap$_{100\%}$ (µmol/g)	Cap$_{10\%}$ (µmol/g)	Cap$_{100\%}$ (µmol/g)
1420^a/1000^b	238	515	218	356	282	700
1650	374	556	247	380	330	1134
2370	439	698	280	455	406	1425
3600	472	942	292	547	507	1958
4600	530	1040	281	605	560	2100
6400	570	1220	289	670	630	2400

a: pour l'alumine et l'oxyde de titane, b: pour la silice

Il apparaît ainsi, à partir des résultats regroupés dans les tableaux III-5 et III-6, que l'augmentation de concentration de xylène s'accompagne avec une augmentation des quantités totales adsorbées puisque l'augmentation de la pression partielle favorise la diffusion vers les sites les plus difficiles et une accessibilité plus importante à la surface poreuse des solides (l'espace et/ou site d'adsorption). Ceci est obtenu d'une manière plus prononcée avec la diatomite activée et aussi pour la silice.

IV.1.4 Capacités d'adsorption à différentes températures d'adsorption

Nous avons jugé également intéressant de mettre en évidence l'effet de la température sur la capacité d'adsorption. Ainsi, les expériences ont été effectuées à des températures situées entre 300 et 473 K en fixant la concentration de COV (o-xylène) à l'entrée de réacteur constante à 0.36%xylène/He (3600 ppmv). Les essais ont été réalisés avec une masse de 1 g de diatomite, et 0.5 g pour l'alumine et l'oxyde de titane. Le débit de flux gazeux contenant le mélange réactionnel est maintenu constant à 100 cm^3/min (Voir figures III-21 et III-22).

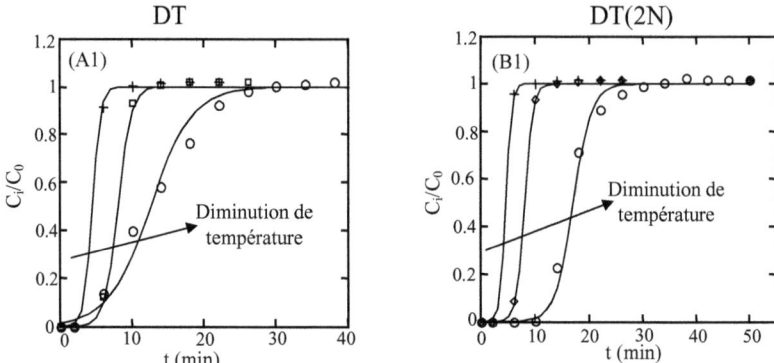

Figure III-21: Courbes de percées comparatives de xylène sur les minerais, influence de température;
(A1): (1 g de DT); o, 300; □,323; +, 353 K
(B1): (1 g de DT(2N)); o, 300; ◊, 323; +, 353 K
—, courbes théoriques.

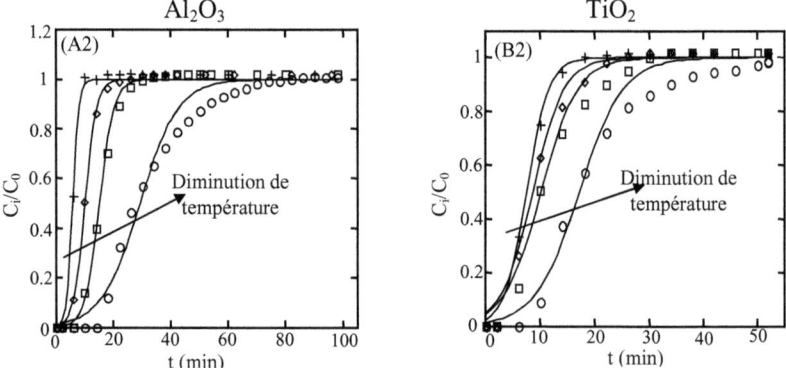

Figure III-22: Courbes de percées comparatives de xylène sur les oxydes, influence de température;
(A2): (0.5 g de Al_2O_3); o, 300; □,323; ◊, 348; +,373 K
(B2): (0.5 g de TiO_2); o,300; □,313; ◊, 333; +,353 K
—, courbes théoriques.

Notons que dans tous les cas, les courbes de percée obtenues à des températures supérieures à 300K ont des allures semblables avec des fronts de perçage tendant à être verticales, différents à celles obtenues à basse température présentant un front de percée incliné. Cela montre bien que le processus d'adsorption de l'o-xylène sur tous les solides dépend de la température.

La diminution du temps de percée avec l'augmentation de la température de l'adsorption est apparemment attribuée au changement au niveau de l'adsorption physique de l'o-xylène sur les solides. En effet, il est connu qu'une courbe de percée avec un front verticale traduit une diffusion dans les pores de solides. Ceci est plausible, puisque la diffusion est un processus activé et le coefficient de diffusion varie comme Exp (-E/KT) avec (K: constante d'équilibre et E:énergie d'activation), ce coefficient augmente donc assez vite avec la température. Ceci se traduit par une diminution de la capacité totale d'adsorption indiquant une saturation rapide de l'adsorbant étudié

Il s'avère ainsi que la température de 300K est la plus favorable pour effectuer la capture de vapeur de l'o-xylène présenté dans l'effluent gazeux. Les résultats de capacités d'adsorption des solides de xylène sur les argiles et les oxydes calculées à partir de l'intégration des courbes de percée sont regroupées dans le tableau III-7.

Tableau III-7: Comparaison des capacités d'adsorption sur DT, DT(2N), Al_2O_3 et TiO_2 pour un mélange contenant 3600 ppmv de l'o-xylène, en fonction de température de l'adsorption.

Température d'adsorption en K	DT(2N)		DT		Al_2O_3		TiO_2	
	$Cap_{10\%}$ (µmol/g)	$Cap_{100\%}$ (µmol/g)	$Cap_{10\%}$ (µmol/g)	$Cap_{100\%}$ (µmol/g)	$Cap_{10\%}$ (µmol/g)	$Cap_{100\%}$ (µmol/g)	$Cap_{10\%}$ (µmol/g)	$Cap_{100\%}$ (µmol/g)
300	162	260	80	197	472	942	292	547
$323^a/313^b$	90	120	75	110	265	498	156	364
$348^a/333^b$	35	69	37	65	151	251	105	295
$373^a/353^b$	--	--	--	--	76	143	100	242

a: Température pour DT, DT(2N) et Al_2O_3 b: Température pour TiO_2

IV.2 Cas de désorption isotherme sous He ou N_2

IV.2.1 Désorption isotherme après adsorption de 3600ppmv de xylène sur les solides étudiés à 300K

L'étude de la désorption relève d'une importance majeure puisqu'elle permet d'évaluer les performances du solide en terme de régénération. La procédure de désorption adoptée dans le présent travail consiste à mettre le solide sous flux de gaz inerte à pression atmosphérique pour but de quantifier les espèces faiblement adsorbées sur la surface de l'adsorbant par désorption à la température d'adsorption.

Nous donnons ci-après un exemple de désorption isotherme de l'o-xylène adsorbé sur diatomite brute suivie par IRTF (figure III-23). La désorption isotherme a été effectuée sous un flux de 100 cm^3/min d'He, à la suite d'une saturation complète du solide sous un flux gazeux contenant une concentration de 3600 ppmv de l'o-xylène. Par la suite le solide est mis en isotherme sous flux de gaz neutre.

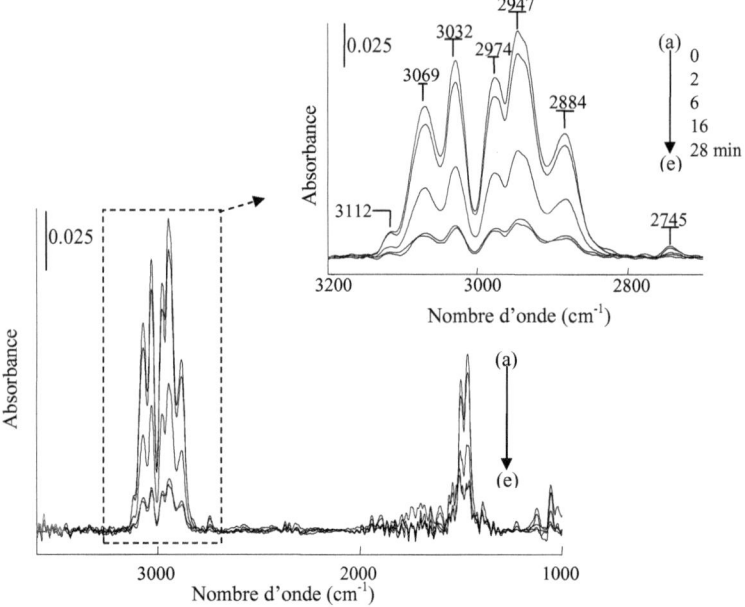

Figure III-23: Evolution des bandes IR caractéristiques de xylène adsorbé au cours de la désorption isotherme sous He; (a) → (e): 0, 2, 6, 16 et 28 minutes.

Au cours du processus de désorption, l'intensité des bandes IR de l'o-xylène diminue progressivement sans donner lieu à un déplacement ou une formation de nouvelles bandes IR pouvant indiquer une décomposition de la phase adsorbée. Ceci a été observé pour tous les solides retenus dans la présente étude. Le traitement des spectres IR lors de désorption isotherme par intégration des bandes situées entre 3200 - 2700 cm^{-1} et en prenant en considération la courbe d'étalonnage du système IRTF vis-à-vis de xylène permet de représenter l'évolution de la concentration de xylène dans le flux gazeux en sortie de réacteur en fonction de temps de désorption (figure III-24).

La forme de courbe est identique pour tous les solides étudiés. Elle comporte deux parties, un palier prolongeant le palier de saturation (A) et une courbe descendante aysmpototique à la ligne de base.

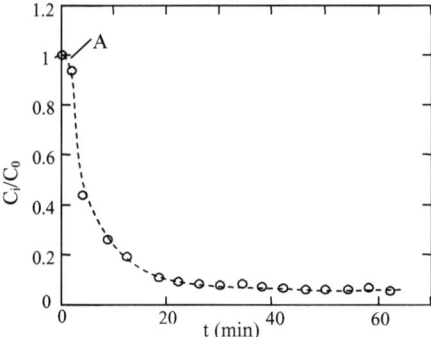

Figure III-24: *Courbe de désorption isotherme de xylène adsorbé sous He sur la diatomite à une concentration de 3600 ppmv à 300K.*

Durant le petit palier, la concentration à l'issue de réacteur est égale à ($C_i/C_0=1$), on peut admettre que le solide agit comme un réservoir de l'o-xylène. La figure III-24 présente une allure descendante jusqu'à l'atteinte de la ligne de base initiale correspondant à l'élimination progressive de l'o-xylène faiblement adsorbé sous flux de gaz vecteur (xylène réversiblement adsorbé). Ceci est valable également pour les courbes de désorption de l'o-xylène sur les minerais diatomites (figure III-25) et les oxydes commerciaux (figures III-26). Il est à signaler que la diatomite brute (DT) présente toujours la courbe la plus basse pour les minerais, et celle de la silice pour les oxydes.

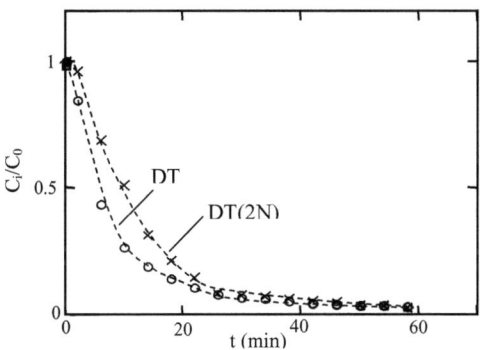

Figure III-25: *Courbes de désorption isotherme sous He de xylène adsorbé (3600 ppmv) à 300K sur:* ×, *DT(2N) et* ○, *DT.*

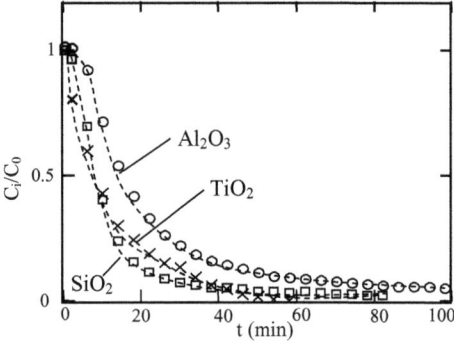

Figure III-26: Courbes de désorption isotherme sous He de xylène adsorbé (3600 ppmv) à 300K sur: □, SiO_2; ×, TiO_2 et ○, Al_2O_3.

Ces courbes permettent par ailleurs de déterminer la quantité d'o-xylène réversiblement adsorbée. Ces quantités sont calculées à partir de la surface située au dessous de la courbe de désorption, connaissant la concentration en xylène au début de désorption qu'il est égale à la concentration de xylène avant le début d'adsorption C_0 à partir de l'équation III-14: (dans ce cas 0.36% xylène/He avant désorption).

$$Q_{rév} \text{ ou } Cap_{rév} = \frac{F}{w} \int_0^{t_d} C_i.dt \qquad (III-14)$$

Avec:

Le débit molaire total de mélange gazeux en mole/min dans notre cas F= 4.16×10^{-3}, w: la masse de solide en gramme, et t_d: temps de désorption isotherme.

Cette procédure permet également d'évaluer l'efficacité de régénération ou de désorption du xylène (ou taux de récupération) notée η_{des} pour un composé donné. Elle est définie comme étant le rapport entre les quantités désorbées par rapport à celle initialement présente, c'est-à-dire fixée dans l'étape d'adsorption précédente, et s'écrit sous forme de l'équation (III-15):

$$\eta = \frac{Qrév}{Cap100\%} = \frac{\int_0^{t_d} C_i.dt}{\int_0^{t_a} (C_0 - C_i).dt} \qquad (III-15)$$

Le tableau III-8 regroupe les quantités réversiblement adsorbées de l'o-xylène sur les différents solides ainsi l'efficacité à désorber.

Tableau III-8: *Capacités de désorption isothermes (300K) après adsorption de 3600ppmv de xylène sur les différents solides étudiés.*

Solide	$Q_{rév}$ ($\mu mol/g$)	η_{des} en %	$Q^a_{rrév\ cal}$ ($\mu mol/g$)	$Q_{irrév}/Cap_{100\%}$ en %
DT	137	70	60	30
DT(2N)	170	65	96	35
Al_2O_3	664	70	278	30
TiO_2	332	60	215	40
SiO_2	1635	85	270	15

$Q^a_{irrév\ cal}$: Quantité irréversiblement adsorbée calculée = quantité totale adsorbée – quantité réversiblement adsorbée (ΔQ ($\mu mol/g$) =$Cap_{100\%}$ - $Q_{rév}$)

Le tableau III-8 montre que dans tous les cas, et par comparaison avec les capacités totales d'adsorption, la désorption n'est pas totale, expliquant qu'une fraction de xylène reste fortement adsorbée sur les solides étudiés. L'application de bilans de matière montre que ces fractions ne dépassent pas 30% de l'adsorption totale.

Dans le cas des minerais DT et DT(2N), les quantités de l'o-xylène désorbées sous He à la température ambiante représentent ≈70% de la capacité totale adsorbée. Ces valeurs montrent bien que l'adsorption de xylène par les minerais étudiées se fait essentiellement en adsorption physique ce qui constitue un avantage supplémentaire en terme de facilité de régénération.

Pour les oxydes, la désorption sur silice est la plus facile par rapport à celle des autres oxydes et conduit à une efficacité de régénération de l'ordre de 85%.

IV.2.2 Effet de la température sur la désorption isotherme

Les figures III-27 et III-28 montrent successivement les courbes de désorption sous 100 cm^3/min de gaz inerte pour les diatomites et les oxydes après adsorption de xylène contenu dans un flux gazeux dont la concentration a été fixée à 3600 ppmv (température de désorption identique à celle de l'adsorption). Il est observé des diminutions des temps de désorption en fonction de la température.

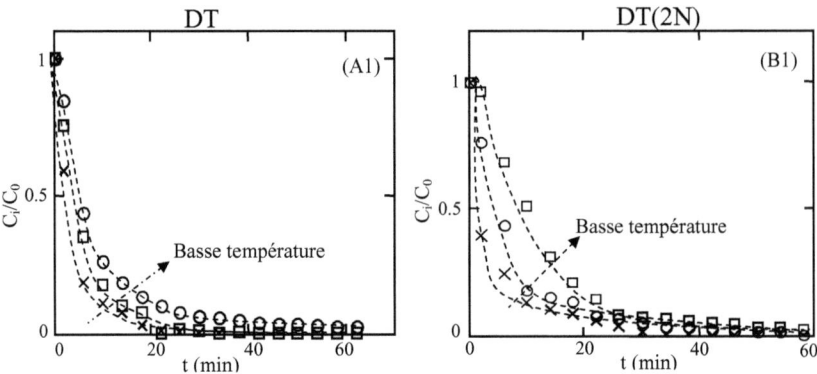

Figure III-27: *Courbes de désorption isotherme sous He de xylène adsorbé (3600 ppmv) à différentes températures sur:*
(A1): DT; ○, 300; □,323 et ×, 348 K
(B1): DT(2N); □,300; ○, 323 et ×, 348 K

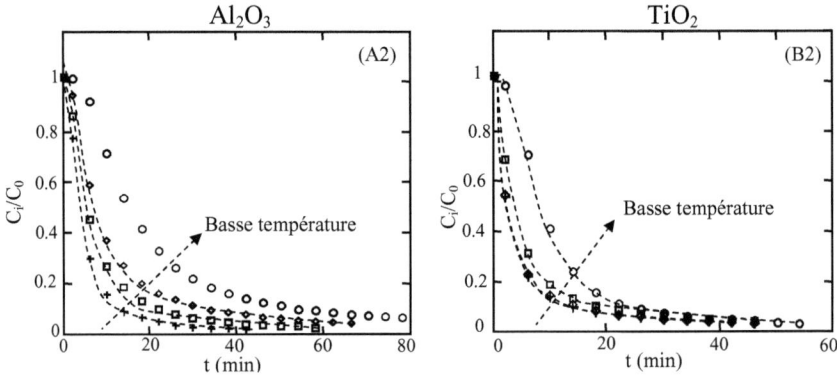

Figure III-28: *Courbes de désorption isotherme sous He de xylène adsorbé (3600 ppmv) à différentes températures sur:*
(A2) Al_2O_3:○, 300; ◊, 323; □, 348 et +, 373 K
(B2) TiO_2: ○, 300; ◊, 313; □;333 et +, 353 K

Les quantités désorbées en isotherme à différentes températures sur les diatomites et les oxydes sont données dans le tableau III-9.

Il est à remarquer que l'efficacité des solides à se régénérer (η_{des} en %) par désorption isotherme augmente en fonction de la température pour tous les solides. Les quantités qui restent adsorbées à la fin de désorption isotherme diminuent et donnent lieu à des proportions très faibles de xylène fortement adsorbées à haute température (température qui ne dépasse 373K).

Tableau III-9: *Quantités d'o-xylène désorbées à températures constantes (A): Argiles, (B): oxydes*

Solide	DT		DT(2N)		Al₂O₃		TiO₂	
T(K)	$Q_{rév}$ (µmol/g)	η_{des} en %	$Q_{rév}$ (µmol/g)	η_{des} en %	$Q_{rév}$ (µmol/g)	η_{des} en %	$Q_{rév}$ (µmol/g)	η_{des} en %
300	137	70	170	65	664	70	332	60
323[a]/313[b]	85	73	108	90	332	74	200	54
348[a]/333[b]	67	100	60	93	243	87	182	61
373[a]/353[b]	--	--	--	--	141	95	181	74

a: cas de DT, DT(2N) et Al₂O₃; b: cas de TiO₂

IV.2.3 Effet de pression partielle de l'o-xylène sur la désorption isotherme

Nous avons également examiné l'effet de la variation de pressions partielles d'o-xylène contenu dans le flux gazeux de la désorption. La température de désorption a été fixée à 300 K pour les diatomites et les oxydes.

L'allure des courbes de désorption présentées dans la figure III-29 en fonction de la pression partielle de xylène ne subit pas des changements dans leur forme. Par contre, les désorptions effectuées après adsorption de mélange contenant de pressions partielles de xylène élevées se font d'une manière rapide du xylène mettant en jeu des quantités importantes comme les montrent le tableau III-10. Ceci peut être expliquer par le fait que les énergies d'activation de désorption de xylène en tenant compte que l'adsorption n'est pas cinétiquement activée, décroissent avec le taux de recouvrement en xylène.

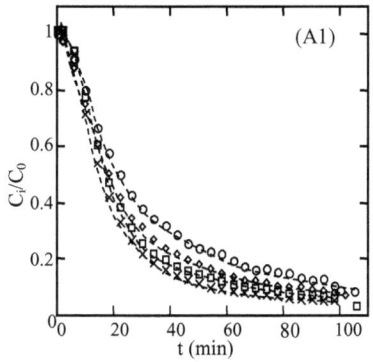
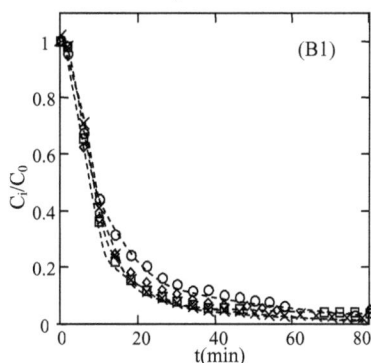

Figure III-29: *Courbes de désorption isotherme à 300 K sous He de xylène adsorbé à différentes concentrations sur:*
(A1) Al₂O₃: ○,1400; ◊,1650; □,2370; ×,3600 ppmv
(B1) TiO₂: ○,1400; ◊,1650; □,2370; ×,3600 ppmv

Tableau III-10: *Capacités de désorption des solides en xylène à différentes concentrations au cours de la désorption isotherme sous He à 300K.*

Solide	Al$_2$O$_3$		TiO$_2$	
Concentration de xylène en ppmv	Q$_{rév}$ (µmol/g)	η$_{des}$ en %	Q$_{rév}$ (µmol/g)	η$_{des}$ en %
1420	320	62	142	60
1650	369	66	182	61
2370	510	73	240	65
3600	664	70	332	60

IV-3 Désorption à température programmée (DTP)

L'établissement de bilan de matière entre les quantités totales du xylène adsorbées (Cap$_{100\%}$) et celles désorbées (Q$_{rév}$) en isotherme montre qu'une fraction de xylène reste toujours adsorbée. La désorption totale de xylène nécessite une désorption à température programmée (DTP). Elle a été effectuée par programmation linéaire de la température du four contenant le réacteur (5 K/min), à la suite de la désorption isotherme, et en attendant que la réponse atteigne zéro. L'évolution des bandes IR de xylène lors de désorption à température programmée du xylène adsorbé sur les solides étudiées montre qu'aucune nouvelle bande IR n'a été observée lors de la DTP pouvant provenir par de décomposition de la phase adsorbée. Ce qui prouve que les solides testés ne présentent aucune réaction catalytique lors de la DTP.

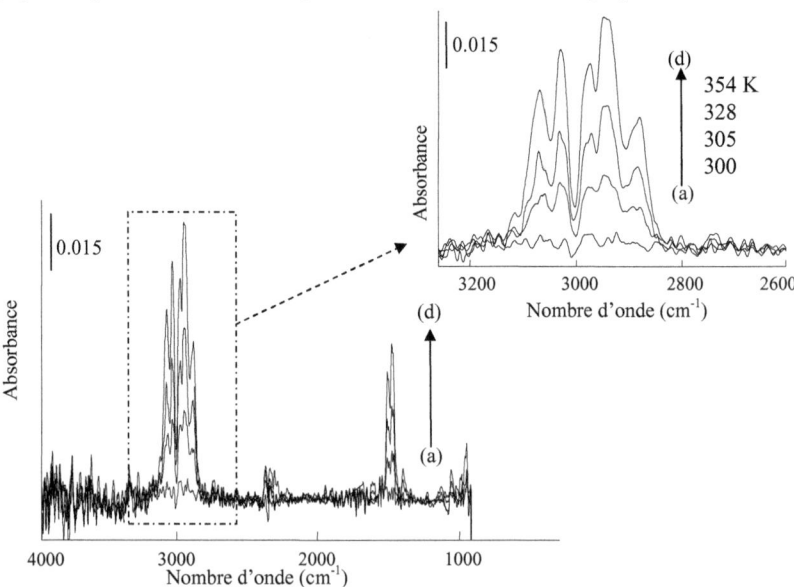

Figure III-30: *Evolution des bandes IR au cours de la désorption à température programmée (DTP) sous He de xylène préadsorbé sur DT; (a) → (e): 300, 305, 328, 354 K.*

Nous nous limitons à présenter le cas des spectres obtenus avec la diatomite (figure III-30). Le traitement des spectres IR lors de DTP par intégration des bandes situées entre 3200 - 2700 cm^{-1} permet de tracer l'évolution de la concentration de xylène dans le flux gazeux en sortie de réacteur en fonction de temps et de température de désorption.

Les courbes de DTP obtenues avec les différents solides par traitement identiques des spectres IRTF sont représentées sur les figures III-31 et III-32. Ces spectres présentent un seul pic symétrique de xylène détecté pour des températures de 358, 378, 368, 401, 368K respectivement pour DT, DT(2N), Al$_2$O$_3$, TiO$_2$, SiO$_2$ (Ces températures correspondent aux températures au maximum de pic).

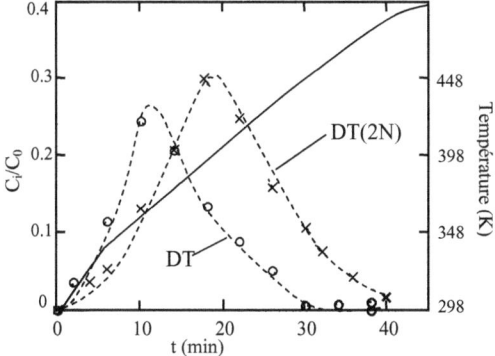

Figure III-31: *Spectre DTP obtenues après adsorption suivi de désorption isotherme de 3600 ppmv de xylène à 300K: DT, ×, DT(2N) et −, Température*

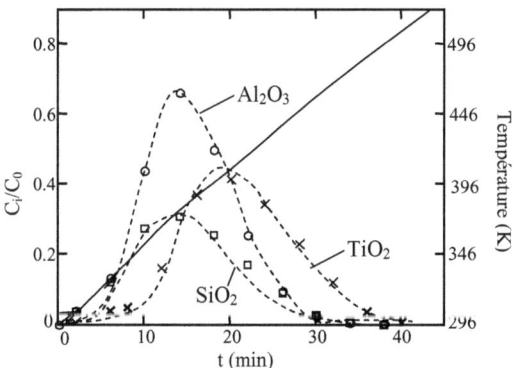

Figure III-32: *Spectre DTP obtenues après adsorption suivi de désorption isotherme de 3600 ppmv de xylène à 300K: □, SiO$_2$, ○, Al$_2$O$_3$, ×, TiO$_2$ et −, Température*

Il est à noter que tous les solides désorbent complètement l'o-xylène à des températures inférieures à 473K pendant un temps ne dépassant pas 40 min. Les quantités de gaz désorbées, obtenues à partir de pic enregistré et déterminé par intégration des surfaces de pic, sont reportées dans le tableau III-11 selon l'équation:

$$Q_{irrév} \text{ ou } Cap_{irrév} = \frac{F}{w} \int_0^{td} C_i \, dt \qquad (III\text{-}16)$$

Avec:

Le débit molaire total de mélange gazeux en mole/min dans notre cas F= 4.16×10^{-3}, w: la masse de solide en gramme, et t_d: temps de désorption à température programmée.

Tableau III-11: *Quantités de xylène désorbées lors de DTP*

Solide	$Q_{irrév\ mes}$ (µmol/g)	Nombre de molécules irrév × 10^{-19} (molécules/g)	Nombre de molécules irrév × 10^{-16} (molécules/m²)
DT	60	3.6	170
DT(2N)	94	5.6	200
Al₂O₃	260	15.6	150
TiO₂	209	12.6	250
SiO₂	260	15.6	78

Tableau III-12: *Quantités de xylène totales, réversibles, irréversibles, nombre de molécules totales, réversibles et irréversibles présentés sur les solides lors de l'adsorption - désorption de 3600 ppmv de xylène à 300K*

Solide	Q_{tot} (µmol/g)	NS_t × 10^{-19}	$Q_{rév}$ (µmol/g)	$NS_{rév}$ × 10^{-19}	$Q_{irrév\ mes}$ (µmol/g)	$NS_{irrév}$ × 10^{-19}	$Q_{rév}$ + $Q_{irrév\ mes}$
DT	197	10	137	8.3	60	3.6	197
DT(2N)	260	15.6	170	10.3	94	5.6	264
Al₂O₃	942	56.7	664	40	260	15.6	920
TiO₂	547	32.9	332	20	209	12.6	541
SiO₂	1913	115	1635	98.5	260	15.6	1890

$NSir_{rév}$: Nombre de molécules irréversibles ou de sites irréversibles en (molécules/g)
$NS_{rév}$: Nombre de molécules réversibles ou de sites réversibles (molécules/g)
NS_t: Nombre totales molécules ou de sites (molécules/g)

Ces valeurs sont en bon accord avec l'application de bilan de matière entre les quantités adsorbées et désorbées pour tous les solides ($Q_{irrév\ cal.} \approx Q_{irrév\ mes}$) ($Q_{irrév\ cal} = Q_{tot} -$

$Q_{rév}$) (tableau III-12). Ces quantités ont été utilisées pour déterminer le nombre de sites mis en jeu lors de l'adsorption de la fraction fortement réversible ou irréversible (voir tableau III-12), en supposant qu'une molécule de xylène se fixe sur un seul site. Ceci est donné à partir de la formule ci-après:

$$\frac{Q_{irrév\,mes}.N.10^{-6}}{m} \quad (III-17)$$

Avec: N: nombre d'Avogadro= 6.10^{23} molécules/mol, et m: la masse de solide

Ces résultats montrent que ces quantités présentent une fraction très faible par rapport à l'adsorption totale et mettent en jeu qu'une très petite partie de la surface du solide. Ces valeurs ne dépassent pas 16×10^{19} molécules /g de solide.

Il est à noter que dans le cas de tous les solides les désorptions à température programmée ne modifient pas notablement les capacités d'adsorption. Ces valeurs sont reproductibles après trois cycles successifs (adsorption/désorption isotherme/ DTP). Par contre, à partir du 3éme cycle, des modifications de la couleur de Al_2O_3 (teinte brune) et de la silice associée à une faible diminution de sa capacité d'adsorption est observée. Ceci est vraisemblablement du à la formation, par des réactions superficielles, de composés poly-aromatiques fortement adsorbés, bloquant progressivement l'accès d'une partie de surface du solide. Cependant, un traitement des deux solides à 713 K sous un débit de O_2 permet de retrouver les performances initiales du solide. Les diatomites naturelles et TiO_2 sont peu affectées par ce processus de désactivation et un traitement à 423 K pour les argiles et 573K pour TiO_2 sous un débit d'hélium pendant 30 à 40 min suffit pour restituer les performances initiales du solide. Ceci confère à la diatomite un avantage supplémentaire en terme de facilité de régénération à faible coût.

V- Conclusion

Dans ce chapitre, nous avons présenté une méthode assez originale basée sur le traitement quantitatif des spectres IRTF enregistrées dans des conditions dynamiques (flux gazeux à la pression atmosphérique) utilisant un système conçu et testé au Laboratoire. Cette méthode a été validée par comparaison des résultats avec ceux obtenus par chromatographie en phase gazeuse. L'approche expérimentale permet de tester les performances des adsorbants potentiels de COV en terme de capacité d'adsorption et de facilité de régénération.

Nous avons montré que les diatomites malgré leurs surfaces relativement petites par rapport à celle de SiO_2, permettent d'adsorber des quantités considérables d'o-xylène.

L'expression des quantités adsorbées en $\mu mol/m^2$ montre, qu'en terme de densité, la diatomite adsorbe une quantité identique à celle de SiO_2.

D'autre part, nous avons montré que plus de 70% de xylène adsorbé se désorbe d'une manière isotherme ce qui correspond à la fraction réversible, mais de moins de 30% reste fortement adsorbés et nécessitent une DTP. Ces phénomènes sont reproductibles pour 3 cycles d'adsorption-désorption. Une faible diminution de capacités d'adsorption est par ailleurs observée pour les oxydes SiO_2 et TiO_2 du à la formation par des réactions superficielles de composés poly-aromatiques fortement adsorbés polyaromatiques, bloquant progressivement l'accès d'une partie de surface du solide alors que les diatomites sont légèrement affectées par ce phénomène de désactivation.

Les spectres IRTF enregistrés lors de la DTP ne montrent aucune nouvelle bande IR, pouvant provenir d'une décomposition suite à une activité catalytique des solides étudiés autre que celles de l'o-xylène

Parmi tous les solides, la diatomite présente la capacité de régénération la plus facile. Ce qui constitue un avantage supplémentaire en raison de l'abondance et le faible coût de ce matériau.

Références bibliographiques

[1] J. Rouquerol, F. Rouquerol, C. Pérès, Y. Grillet, M. Boudellal, Charactérization of pouros solids, K. K. Unger et al. Eds., Série Studies in Surface Science, Elsevier, Amestrdam, 39 (1988) 67

[2] S. Partyka, F. Rouquerol, J. Rouquerol, J. Colloid Interface Sci. 68 (1979) 21

[3] J.P. Bellat, M. Simonot-Grange.-H, S. Jullian, Zeolites 15 (1995) 124

[4] H. Stach, U. Lohse, H. Thamm, W. Schirmer, Zeolites 6 (1986) 74

[5] Denoyel R., Beurroies I., Vinvent D., J. Therm. anal and Calorimetry 70 (2002) 483

[6] H. Reichert, U. Muller, K. K. Unger, Y. Grillet, F. Rouquerol, J. Rouquerol, J. P. Coulomb, Caracterization of pouros soids II, F. Rodriguez-Reinoso et al. Eds., Série Studies in Surface Science, Elsevier, Amestrdam, 62 (1991) 535

[7] Yun J.-H., Choi D.K., Kim S.-H., AIChE Journal 44 (6) (1998) 1344

[8] J. Helminen, J. Helnius, E. Paatero, J. Chem. Eng. Data. 46 (2001) 391

[9] J. H. Yun, D. K. Choi, J. Chem. Eng. Data. 42 (1997) 894

[10] J. H. Yun, K. Y. Hwang, D. K. Choi, J. Chem. Eng. Data .43 (1998) 843

[11] J.M. Guil, R.Guil-Lopez, J.A. Perdigon-Melon,A. Corma, Micropor. Mesopour. Mater. 22 (1998) 269

[12] Z. Chen, J. Lu, X. Liu, T. Ding, Chinese J. Chem. Eng. 8(4) (2000) 283

[13] D.M. Ruthven, I. H. Doetsch, Journal AIChE 22(5) (1976) 882

[14] D. M. Ruthven, B. K. Kaul, Ind. Eng. Chem. Res. 35 (1996) 2060

[15] F. D. Yu, L.A. Luo, G. Grevillot, J. Chem. Eng. Data. 47 (2002) 467

[16] C. M. Wang, K.S. Chang, T.W. Chung, H. Hu, J. Chem. Eng. Data. 49 (2004) 527

[17] Lange's Handbook of Chemistry", John A. Dean, Ed., McGraw Hill, 13th Edition, (1985)

[18] R.C. Weast, M; J; Astle, Handbook of Chemistry and Physics, CRC Press, Boca Raton, FL, (1982/1983)

[19] **H. Zaitan**, T. Chafik, C. R. Chimie 8 (9-10) (2005) 1701

[20] **H. Zaitan**, T. Chafik, O. Achak, D. Bianchi, Phys. Chem. News (sous presse)

[21] J. Charles. Pouchert, "The Aldrich Library of FT-IR Spectra"; Ed. 1, Vol. 3; vapor phase. (1989)

[22] B. C. Smith, "Infrared Spectral Interpretation: a systematic approach" 49 (1999) 58

[23] M. Klotz, Chem. Rev. 39 (1946) 241

[24] A. Wheeler, A. J. Robell, J. Catal 13 (1969) 299

[25] L. A. Jonas, J. A. Rehrmann, Carbon 12 (1974) 95

[26] T. Vermeulen, M.D. Levan, N.K. Hiester, G. Klein, Adsorption and ion exchange. In: Perry RH et al., editor, Perry's chemical engineers handbook, 6th ed., New York: McGraw Hill, p1-48. 1984

[27] P. Lodewyckx, E.F. Vansant, J. Am. Ind. Hyg Assoc. 61 (1999) 501

[28] Y. H. Yoon, J.H. Nelson, J. Am. Ind. Hyg. Assoc. 45 (1984) 509

[29] Y. H. Yoon, J. H. Nelson, J. Am. Ind. Hyg. Assoc. 45 (1984) 517

[30] (NIOSH). Development of improved respirator cartridge and canister test methods by DM Smoot, Bendix Corp. Cincinnati, Ohio: Department of Health Education and Welfare; National Institute for Occupational Safety and Health, (1977) p 60

[31] G. O. Wood, E. S. Moyer, J. Am. Ind. Hyg. Assoc. 50 (1989) 400

[32] I. Nir, Y. Suzin, D. Kaplan, Carbon 40 (2002) 2437

[33] P. Lodewyckx, G. O. Wood, S. K. Ryus. Carbon03, Spain. (2003)

[34] Z. H. Huang, F. Kang, K. M. Liang, J. Hao; Journal of Hazardous Materials B98 (2003) 107

[35] A. F.Morrissey, M. E. Grismer, J of Contaminant Hydrology, 36 (1999) 291

[36] M. A. Arocha, A. P. Jackman, B. J. McCoy, Environ. Sci. Technol. 30 (1996) 1500

[37] G. H. Cowan, I. S. Gosling, J. F. Laws, W. P. Sweetenham, J. Chromatogr. 363 (1986) 37

[38] F. G. Helfferich, P. W. Carr, J. Chromatogr. 629(1993) 97

[39] A. Corma, C. Corell, J. P. Pariente, J. M. guil, R. G. Lopez, S. Nicolpoulos, J. G. Galbet, M. Vallet-Regi, Zeolites 16 (1996) 7

[40] K. D. Pennell, R. D. Rhue, P. S. C. Rao and C. T. Johnston., Environ. Sci. Technol. 26 (1992) 756

[41] J. Benkhedda, J. N. Jaubert, D. Barth, L. Perrin, M. Bailly, J. Chem. Thermo. 32 (3) (2000) 411

[42] D. Das, V. Gaur, N. Verma, Carbon 42 (2004) 2949

CHAPITRE IV
Détermination d'isothermes d'adsorption de l'o-xylène

Dans ce chapitre, nous allons aborder dans un premier temps les aspects théoriques du phénomène d'adsorption, puis nous présenterons les différentes isothermes d'adsorption expérimentales de l'o-xylène sur les minerais diatomites et les oxydes métalliques. Une confrontation de ces isothermes avec certains modèles mathématiques (Langmuir, Freundlich, Temkin) a permis une estimation de la monocouche de l'o-xylène adsorbée et sa comparaison avec la capacité maximale d'adsorption.

Chapitre IV: Détermination d'isothermes d'adsorption de l'o-xylène

SOMMAIRE

I- Introduction.. 96

II- Rappels sur les aspects théoriques liés au phénomène d'adsorption.......... 96

    II-1 Adsorption physique.. 96

    II-2 Adsorption chimique.. 98

    II-3 Classification des isothermes d'adsorption..................................... 98

    II-4 Les principaux modèles d'équilibre d'adsorption............................ 99

        II-4-1 Modèle de Langmuir.. 100

        II-4-2 Modèle de Freundlich.. 102

        II-4-3 Modèle de Temkin.. 103

III- Comparaison des isothermes d'adsorption (300 K) de l'o-xylène............. 104

    III-1 Modélisation des isothermes d'adsorption obtenues avec les diatomites et les oxydes.. 106

IV- Conclusion... 113

Références bibliographiques.. 115

I- Introduction

Les applications concernant l'adsorption de gaz ou de vapeur sur des matériaux poreux nécessitent la connaissance des isothermes d'adsorption. Plusieurs techniques existent pour la détermination des quantités de gaz adsorbées. Dans ce chapitre, nous avons utilisé les valeurs des capacités maximales adsorbées obtenues par intégration des courbes de percées comme décrit dans le chapitre précèdent, obtenues avec des mélanges gazeux contenant différentes pressions partielles d'o-xylène. Ces expériences ont permis d'obtenir différents isothermes d'adsorption que nous avons confronté avec les modèles les plus couramment utilisés, tels que Langmuir, Freundlich et Temkin [1-3]. Ceci permettra de prédire les quantités adsorbées de xylène en fonction de paramètres physiques d'équilibre (température- pression) et d'estimer la capacité maximale pour le remplissage d'une monocouche. Ce type d'information pourrait être utile pour un éventuel dimensionnement d'un procédé d'adsorption [4-5].

II- Rappels sur les aspects théoriques liés au phénomène d'adsorption

Le phénomène d'adsorption résulte de forces d'interaction agissant entre les molécules d'adsorbant et d'adsorbat. En fonction de la nature des forces de liaison, ce phénomène peut être soit de type physisorption ou chimisorption.

II-1 Adsorption physique

Dans le cas de l'adsorption physique, la fixation des molécules sur la surface d'adsorbant se fait essentiellement par les forces de Van der Waals et les forces dues aux interactions électrostatiques de polarisation, dipôle et quadripôle pour les adsorbants ayant une structure ionique. Sous l'effet de ces interactions, toutes les espèces chimiques d'une phase gazeuse qui occupent les trois dimensions de l'espace (gaz adsorbable) sont susceptibles de s'accumuler à la surface d'un solide pour former une phase physisorbée bidimensionnelle plus stable (adsorbat), sans que la nature des espèces chimiques adsorbées soit modifiées (figure IV-1).

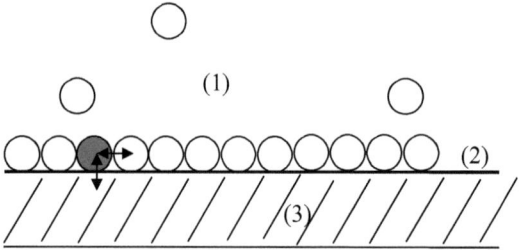

Figure IV-1: Représentation schématique de l'adsorption physique d'un gaz sur un solide

1- Phase gazeuse tridimensionnelle (gaz adsorbable)
2- Phase physisorbée bidimensionnelle (adsorbat)
3- Phase solide (adsorbant)
↔ Interaction adsorbat/ adsorbat (interaction latérale)
↕ Interaction adsorbant/ adsorbat (interaction verticale)

L'adsorption physique est faiblement énergétique (souvent inférieures à 50 KJ/mol), exothermique, non spécifique, se produit sans modification de la structure moléculaire, et se fait d'une manière parfaitement réversible (c'est-à-dire que les molécules adsorbées peuvent être facilement désorbées en diminuant la pression ou en augmentant la température).

Le phénomène d'adsorption, contrôlé par la diffusion des molécules, atteint son équilibre relativement rapidement (quelques secondes à quelques minutes) mais peut se prolonger sur des temps très longs pour les adsorbants microporeux en raison du ralentissement de la diffusion du gaz dans ces structures de dimensions voisines du diamètre des molécules de gaz. Il repose sur le potentiel de paire $U(r)$, décrivant l'énergie potentielle de deux particules, identique ou non. Ce potentiel est relié aux forces intermoléculaires $F(r)$ par l'équation (IV-1):

$$U(r) = \int_{\infty}^{r} F(r)dr \qquad (IV-1)$$

Avec r est la distance séparant deux molécules à l'équilibre et r_o : la distance intermoléculaire correspondant au minimum énergie potentiel ε.

La forme de $U(r)$ est montrée sur la figure IV-2:

Les forces d'adsorption physique mises en jeu se résument en :

(a) forces de dispersion de London, qui s'exercent entre molécules possédant des dipôles fluctuants instantanés, ces forces (énergies) varient en $1/r^6$;

(b) forces de Keesom, qui s'exercent entre des molécules possédant des dipôles permanents et qui varient également en $1/r^6$.

(c) forces d'induction de Debye, qui s'exercent entre une molécule possédant un dipôle permanent et une molécule possédant un dipôle induit par le précèdent, elles varient aussi en $1/r^6$.

(d) forces de répulsion agissent à courtes distances, qui s'exercent entre les nuages électroniques des molécules.

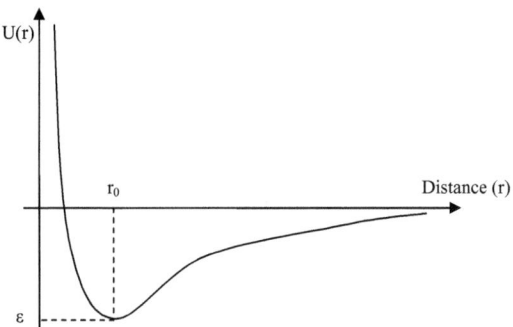

Figure IV-2: Diagramme énergétique de l'adsorption physique

Les interactions de London donnent naissance à des liaisons qui maintiennent ensemble des molécules ne possédant pas de charges électriques permanentes. Ces interactions sont aussi appelées forces de Van Der Waals. Elles sont dues aux mouvements des électrons à l'intérieur des molécules peuvent engendrer de petits moments dipolaires instantanés. Un petit dipôle local peut induire sur une autre molécule un autre dipôle instantané orienté de sorte que l'interaction entre les deux dipôles soit attractive.

Des interactions électrostatiques peuvent aussi s'ajouter aux forces de Van Der Waals. Ces interactions sont importantes entre molécules polaires ou ioniques. La polarisation des molécules du gaz à l'intérieur du champ électrique de la surface du solide produit un potentiel d'interaction très important. Ce potentiel dépend de l'intensité du champ électrique à la surface de l'adsorbant et de la polarisabilité des molécules de gaz. Ce type d'interaction se rencontre dans le cas des adsorbants contenant des ions.

Dans certains cas, l'interaction entre les atomes du solide et les molécules de gaz conduit à la formation de liaisons chimiques. Il s'agit alors de chimisorption.

II-2 Adsorption chimique

Dans le cas de l'adsorption chimique, il y a création de liaisons entre les atomes de la surface et les molécules de l'adsorbat. Les énergies d'adsorption sont beaucoup plus fortes que celle dans le cas de l'adsorption physique et le processus est beaucoup moins réversible (irréversible). Ce type d'adsorption intervient dans le mécanisme des réactions catalytiques hétérogènes, où le catalyseur crée des liaisons fortes avec le gaz adsorbé. La chimisorption est complète quand tous les centres actifs présents à la surface ont établi une liaison avec les molécules de l'adsorbat.

Dans le cas de la formation d'une liaison chimique spécifique, on peut envisager différents types de liaisons :

(a) soit une liaison purement ionique dans laquelle l'atome ou l'ion joue le rôle de donneur ou d'accepteur d'électrons ;

(b) soit une liaison covalente.

La présentation la plus utilisée de cet équilibre d'adsorption est l'isotherme d'adsorption qui, à température constante, donne la quantité de gaz adsorbée par le solide en fonction de la pression d'équilibre du gaz. Il s'agit de la source essentielle d'informations thermodynamiques pour l'interface gaz-solide.

II-3 Classification des isothermes d'adsorption

Pour caractériser l'adsorption, nous utilisons des lois décrivant la quantité de matière adsorbée en fonction de la concentration des corps en phase fluide et de la température de l'adsorbant.

Pour un système gaz-solide donné, la quantité adsorbée N à l'équilibre se décrit par la fonction suivante de la température et de la pression: $N = f(P, T)$ où N est la quantité adsorbée. A une température fixée, N ne dépend que de la pression. Cette nouvelle fonction est appelée isotherme d'adsorption. Les isothermes d'adsorption physique sont généralement regroupées suivant leur allure en six catégories (figure IV-3) (classification B.D.D.T) [6].

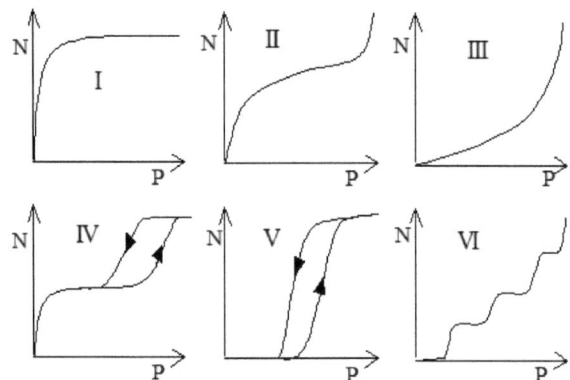

Figure IV-3 *: Classification des isothermes selon Brunauer et al [6-7]*

L'allure des courbes fournit des informations non seulement sur la nature des interactions adsorbant/adsorbat et adsorbat/adsorbat mises en jeu au cours de l'adsorption physique [4], mais aussi sur la porosité de l'adsorbant (Figure IV-3). En effet, la partie concave des isothermes du type I, II, IV et VI de la figure IV-3 traduit de fortes interactions adsorbant/adsorbat comparativement aux interactions adsorbat/adsorbat. Certaines isothermes sont parfaitement réversibles (type I, II, III et IV), d'autres présentent, en revanche, une boucle d'hystérésis (type IV et V). Une telle boucle, qui peut présenter une allure de type H1, H2, H3, ou H4 dans la classification de I.U.P.A.C [7], permet de se renseigner sur une condensation capillaire dans les mesopores.

Les isothermes de type I et II sont les plus fréquemment rencontrées en séparation des gaz [8]. Les isothermes de type I correspondent à un phénomène d'adsorption monocouche. L'adsorption se limite à une monocouche moléculaire correspondant à un phénomène de saturation (aplatissement du haut de l'isotherme). Ce type d'isotherme est obtenu sur des solides essentiellement microporeux pour lesquels la taille des pores est proche de la taille de la molécule d'adsorbat.

Les isothermes de type II et III se rencontrent souvent dans le cas d'adsorption sur un solide dans lequel il existe une large distribution de taille de pores. Dans de tels cas, l'adsorption se fait par une adsorption monocouche suivi d'une adsorption sur plusieurs couches jusqu'à la condensation capillaire finale dans les pores de l'adsorbant.

Les isothermes de type IV et V apparaissent en particulier avec des adsorbants microporeux où la forme géométrique des pores joue un rôle important. Des phénomènes d'hystérèse sont observés sur ces isothermes: la quantité adsorbée obtenue par augmentation progressive de la pression réduite diffère de celle obtenue par abaissement progressif de la pression réduite.

Enfin, Les isothermes à marche de type VI présentent des marches caractéristiques d'une adsorption multicouche sur une surface non-poreuse très homogène. Les marches de la courbe traduisent non seulement la formation de couches successives, mais encore les changements de phase ou les réarrangements dans l'organisation de chaque couche.

II-4 Les principaux modèles d'équilibre d'adsorption

Divers modèles empiriques et théoriques ont été développés pour caractériser les phénomènes d'adsorption. Les hypothèses proposées variant d'un modèle à l'autre. Les modèles de Langmuir, Temkin et Freundlich sont successivement présentés pour lesquels l'évolution de la chaleur d'adsorption avec le recouvrement diffère d'un modèle à l'autre. En outre l'approche via la thermodynamique statistique du modèle de Langmuir permettra d'obtenir l'expression du coefficient d'adsorption

II-4-1 Modèle de Langmuir

L'approche de Langmuir est une vision dynamique du processus d'adsorption locale: les molécules s'adsorbent et se désorbent suivant des vitesses d'adsorption v_a et de désorption v_d qui sont égales lorsque le système est à l'équilibre, c'est-à-dire qu'il n'y a plus d'accumulation de matière sur la surface. Dans sa forme la plus usuelle, elle est basée sur les hypothèses suivantes [9]:

- L'atome ou la molécule adsorbé occupe des sites définis, bien localisés.
- Chaque site ne peut contenir qu'une et une seule molécule ou atome.
- Tous les sites sont énergétiquement équivalents.
- Il n'y a pas d'interactions bilatérales entre les molécules adsorbées sur des sites voisins.

Figure IV-4 : *Modèle d'adsorption en monocouche*

La variation de l'adsorption avec la pression résulte de la mise en place graduelle d'une monocouche (figure IV-4). L'équilibre dynamique entre les molécules qui atteignent la surface (molécules adsorbées) et celles qui la quittent (molécules désorbées) permet d'évaluer l'adsorption [3].

La vitesse d'adsorption V_a est proportionnelle au nombre de sites libres et à la fréquence de collision des molécules avec la surface.

$$v_a = k_a P_A (1-\theta) \quad \text{(IV-2)}$$

avec
$$k_a = A_a \exp\left(-\frac{E_{ads}^a}{RT}\right) \quad \text{(IV-3)}$$

k_a: constante de vitesse d'adsorption, A_a: facteur pré-exponentiel, E_{ads}^a: énergie d'activation d'adsorption, R: constante des gaz parfaits (8,314 J.mol^{-1}.K^{-1}), T: température, P_A: pression de A et θ: taux de recouvrement de la surface en espèce A

La vitesse de désorption V_d est proportionnelle au nombre de sites occupés:

$$v_d = k_d \theta \quad \text{(IV-4)}$$

avec $k_d = A_d \exp\left(-\dfrac{E_{des}^a}{RT}\right)$ constante de vitesse de désorption

A_d : facteur pré-exponentiel, E_{des}^a : énergie d'activation de désorption

À l'équilibre dynamique, les quantités adsorbées et desorbées sont égales et la combinaison des équations (IV-2 et IV-4) conduit à l'isotherme de Langmuir :

À l'équilibre, il y a égalité des vitesses, soit: $v_a = v_d$

$$k_a P_A (1-\theta) = k_d \theta$$

L'équation de l'isotherme de Langmuir est alors obtenue:

$$\frac{\theta}{1-\theta} = \frac{k_a}{k_d} P_A$$

$$\theta = \frac{KP_A}{1+KP_A} \qquad (IV\text{-}5)$$

avec $K = \dfrac{k_a}{k_d} = C_0 \exp\left(\dfrac{E}{RT}\right)$: coefficient d'adsorption, C_0: facteur pré-exponentiel et

$E = E_{des}^a - E_{ads}^a$: chaleur d'adsorption

En insérant $\theta = N/N_m$ dans l'équation (IV-5), l'isotherme peut être écrite sous la forme

$$\frac{P}{N} = \frac{P}{N_m} + \frac{1}{K \cdot N_m} \qquad (IV\text{-}6)$$

La pente de $P/N = f(P)$ donne N_m, ce qui permet de déterminer la monocouche.

L'équation de Langmuir se réduit à la loi de Henry ($\theta = KP$) pour des faibles pressions (KP<<1). Le taux de recouvrement θ tend vers 1 lorsque P augmente. Elle décrit uniquement les isothermes d'adsorption de type I ainsi que le début de celles de type II.

II-4-2. Modèle de Freundlich

Il prend en compte la non uniformité de la surface de l'adsorbant, c'est à dire que tous les sites n'ont pas la même énergie d'activation E. L'équation de Langmuir peut donc être appliquée pour la description de l'équilibre local pour chaque site dont l'énergie d'activation pour la désorption est comprise entre E et E+dE [2]:

$$\theta(E) = \frac{KP}{1+KP} = \frac{K_o.\exp(E/RT).P}{1+K_o.\exp(E/RT).P} \qquad (IV\text{-}7)$$

La quantité totale adsorbée est la somme des quantités adsorbées sur tous les types de sites. Si le nombre de sites dont l'énergie d'activation est compris entre E et E+dE est N(E), la fraction de sites recouverts est:

$$\theta = \frac{\int_0^\infty \theta(E) N(E) dE}{\int_0^\infty N(E) dE} \qquad (IV-8)$$

En prenant comme distribution de sites:

$$N(E) = a.\exp(-E/E_o) \qquad (IV-9)$$

et moyennant quelques approximations, nous obtenons l'équation de Freundlich [10]:

$$N = c.P^{1/n}$$

ou c et n (n≥1) sont deux constantes dépendant de la température (c et n diminuent lorsque la température augmente, n tendant vers l'unité).

De façon plus générale, il est possible de considérer une isotherme locale de type Langmuir ou tout autre type d'isotherme, ainsi qu'une distribution d'énergie sur la surface (uniforme, exponentielle, normale...) et d'appliquer l'équation (IV-8) pour obtenir une isotherme globale d'adsorption sur un adsorbant dont la surface est hétérogène du point de vue énergétique.

L'équation de Freundlich est très utilisée pour la description de l'adsorption de composés organiques en phase liquide sur charbon actif. Elle est également applicable en phase gazeuse sur des surfaces hétérogènes, et pour des domaines de pressions étroits car elle ne se réduit pas à la loi de Henry à faibles pressions et n'a pas de limite finie à fortes pressions.

II-4-3 Modèle de Temkin

De la même manière que dans l'hypothèse de Freundlich, le modèle proposé par Temkin [11] diffère de l'isotherme de Langmuir en supposant une distribution de sites en fonction de leur énergie d'adsorption. Cependant, Temkin propose une distribution basée sur un regroupement par famille de sites et dont l'énergie d'adsorption varie linéairement avec le recouvrement selon l'expression [11-14].

$$E = E_0(1 - \alpha\theta) \qquad (IV-10)$$

avec E_0 chaleur d'adsorption à $\theta = 0$

θ : taux de recouvrement de la surface en espèce adsorbée

α : constante

A partir de l'expression généralisée de Langmuir pour une distribution continue :

$$\theta = \int_{E_1}^{E_0} \frac{K(E)P}{1+K(E)P} . f(E) . dE \qquad (IV-11)$$

avec $f(E)=\frac{1}{\Delta E}$ la fonction de distribution ($\Delta E = E_0 - E_1$)

En négligeant la variation du facteur pré-exponentiel avec T, on obtient :

$$\theta = \int_{E_1}^{E_0} \left[\frac{KP.\exp(E/RT)}{1+KP\exp(E/RT)}\right]\frac{dE}{\Delta E}$$

soit $\quad \theta = \frac{RT}{\Delta E}\ln\left[\frac{1+K_0 P}{1+K_1 P}\right]\quad$ (II-12)

avec $\quad P$: pression d'adsorption

et $\quad K_0 = C_0 \exp(\frac{E_0}{RT})$ coefficient d'adsorption à $\theta = 0$

$K_1 = C_1 \exp(\frac{E_1}{RT})$ coefficient d'adsorption à $\theta = 1$

dont les expressions déterminées par la thermodynamique statistique sont similaires à l'équation (II-12).

Dans un large domaine de pression : $K_1 P \ll 1 \ll K_0 P$, on obtient alors l'expression de l'isotherme de Temkin :

$$\theta = \frac{RT}{\Delta E}\ln[K_0 P] = a. \text{Ln}(P) + b \quad \text{(II-13)}$$

où a est une constante dépendant de la température et b une constante liée à la chaleur d'adsorption.

III- Comparaison des isothermes d'adsorption (300 K) de l'o-xylène

Nous présentons dans ce chapitre, les isothermes expérimentales d'adsorption d'o-xylène sur DT, DT(2N), Al_2O_3, TiO_2, et SiO_2 obtenues à 300K (figure IV-5). Ces isothermes sont données sous la forme N= f(P) où N est le nombre de mole de xylène adsorbé par gramme de solide et P est la pression d'équilibre qui correspond à la pression partielle de xylène dans le flux gazeux. Les valeurs de N correspondent aux capacités d'adsorption obtenues dans le chapitre précèdent selon l'approche expérimentale (méthode dynamique) développée dans ce travail.

Chaque expérience a été réalisée trois fois et l'ordre d'erreur de chaque mesure ne dépasse pas 5%. Le tableau IV-1 récapitule les valeurs moyennes de quantités adsorbées.

Tableau IV-1: quantités de l'o-xyléne adsorbées à 300K sur différents solides

P(Torr)	N: nombre de mole de l'o-xylène adsorbé (µmol/g)				
	DT	DT(2N)	Al_2O_3	TiO_2	SiO_2
1.06/0.7[b]	108	122	515	356	700
1.245	123	136	556	380	1134
1.801	155	196	698	455	1425
2.736	197	260	942	547	1958
3.57	223	284	1070	605	2100
4.88	255	340	1220	670	2400
5.86	275	370	1325	700	2590

b: pour SiO_2

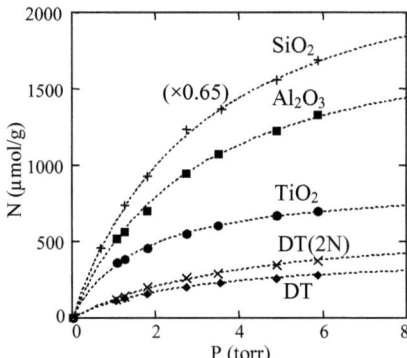

Figure IV-5: Isothermes d'adsorption de xylène obtenues avec différents solides à 300K: ■, Al_2O_3; ●, TiO_2, +, SiO_2, ♦, DT; ×, DT(2N).

Dans le domaine de pressions partielles étudiées, les isothermes obtenues montrent des différences plus ou moins marquées en fonction de capacités d'adsorption.

Dans le domaine de pressions supérieures à 2.5 torr, la courbe d'adsorption est quasiment horizontale indiquant une saturation quasi-totale de surface de solide. Il est important de noter par ailleurs qu'à pression d'équilibre constante, la silice adsorbe toujours plus d'o-xylène que les autres adsorbants dans tout le domaine de pression de vapeur saturante de xylène. Cette différence dans les quantités de matière adsorbées trouve son origine dans les valeurs différentes de surface spécifique et de volume poreux des solides étudiés comme signalé dans le chapitre II. D'une manière générale, l'ordre de capacité d'adsorption de xylène vis-à-vis des cinq adsorbants est le suivant : DT< DT(2N) < TiO_2< Al_2O_3< SiO_2. Le fort pouvoir adsorbant élevé de la silice vis-à-vis de xylène est dû essentiellement à ses propriétés texturales en particulier sa grande surface spécifique.

III-1 Modélisation des isothermes d'adsorption obtenues avec les diatomites et les oxydes

Ce paragraphe donne une confrontation des isothermes expérimentales de xylène à différentes températures avec les modèles les plus couramment utilisés tels que: le modèle de Langmuir, Temkin et Freundlich. Ceci a été effectué pour des pressions partielles de xylène situées entre 1 et 8 torr correspondant à une composition de xylène comprises entre 0.13 et 1.05 %. La figure IV-6 donne les isothermes expérimentales obtenues dans l'intervalle de température compris entre 300 et 373 K pour Al_2O_3, TiO_2, SiO_2, DT et DT(2N) et les corrélations selon les modèles utilisés.

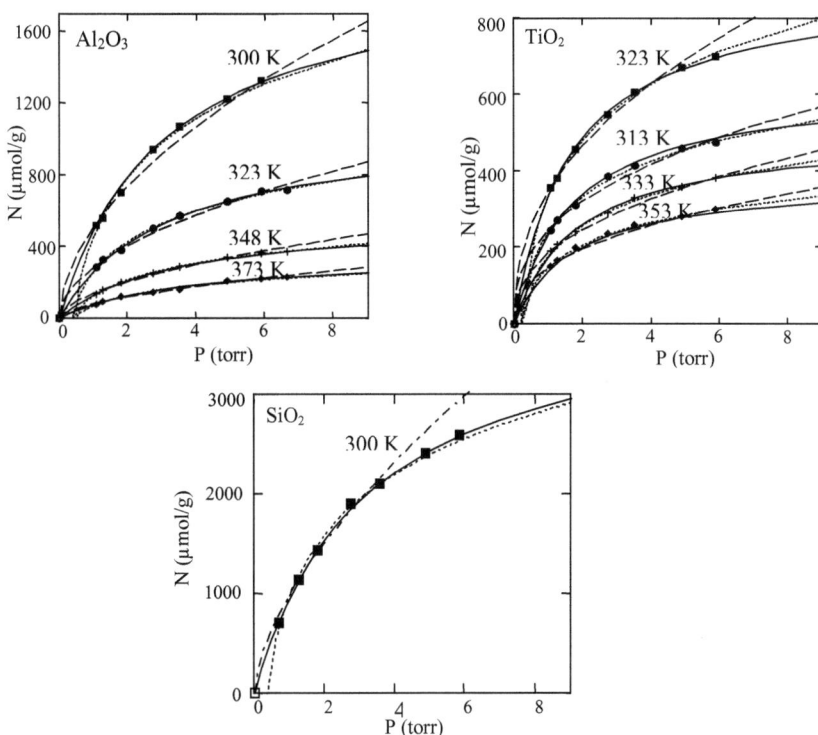

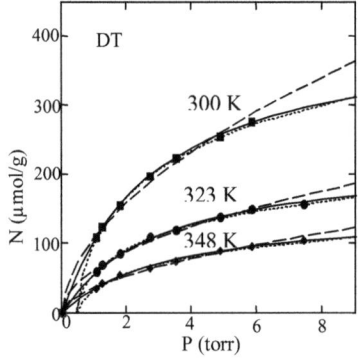 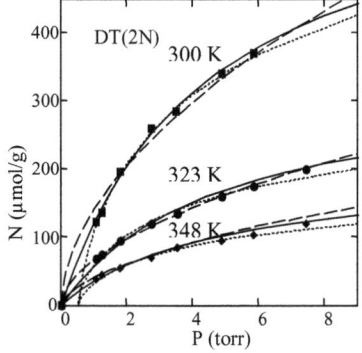

Figure IV-6: Isothermes d'adsorption de xylène obtenues à différentes températures sur:
Al_2O_3: ■, 300; ●, 323; +, 348 et ♦, 373 K
TiO_2: ■, 300; ●, 313; +; 333 et ♦, 353 K
SiO_2: ■, 300 K
DT: ■, 300; ●,323 et ♦, 348 K
DT(2N): ■, 300; ●323 et ♦ 348 K
(—): Langmuir; (…:) Temkin; (-.-.): Freundlich

L'approche adoptée lors de recherche des équations qui représentent le mieux les résultats expérimentaux consiste à évaluer les écarts relatifs entre le modèle et les points expérimentaux à l'aide d'un logiciel mathématique (Mathcad).

L'écart relatif moyen Er (%) entre les données expérimentales et les valeurs calculées du modèle considéré est calculé selon l'équation (IV-14):

$$Er(\%) = \frac{100}{n_{exp}} \sum_{0}^{n_{exp}} \frac{|N_{exp} - N_{cal}|}{N_{exp}} \quad \text{(IV-14)}$$

Avec: N_{exp}: quantité adsorbée expérimentale,
N_{cal}: quantité adsorbée calculée,
n_{exp}: nombre de données expérimentales

Les paramètres décrivant les modèles sont regroupées dans le tableau IV-2. Les paramètres relatifs aux trois modèles tels que Langmuir (K, N_m), Freundlich (c, n) et de Temkin (a, b) obtenues respectivement par régression linéaire des courbes (1/N = f(1/P), (lnN=f(ln(P)) et N=f(ln(P)) et les écarts relatifs moyens (Er(%)) sont donnés dans le tableau IV-2.

Tableau IV-2: *Différents paramètres de linéarisation du modèle de Langmuir et de Freundlich.*

solide	T(K)	Paramètres de Langmuir				Paramètres de Freundlich				Paramètres de Temkin			
		N_m	K	R^2	E	c	n	R^2	E	a	b	R^2	E
Al_2O_3	300	2000	0.33	0.9977	1.34	497	1.75	0.9929	1.6	476	457	0.997	0.159
	323	1070	0.32	0.9965	1.16	270	1.72	0.9952	0.74	245	259	0.997	0.132
	348	555	0.29	0.9993	1.95	131	1.69	0.994	0.24	133	122	0.999	0.355
	373	357	0.26	0.9959	0.14	75	1.66	0.9933	0.41	82	87	0.994	1.43
TiO_2	300	890	0.6	0.9988	0.063	365	2.5	0.9955	0.65	212	334	0.999	0.092
	313	625	0.59	0.9979	0.936	237	2.44	0.9925	0.95	135	239	0.997	0.26
	333	500	0.54	0.997	0.167	184	2.43	0.9967	2.12	115	177	0.998	0.85
	355	377	0.56	0.999	3.73	145	2.38	0.9923	2.39	86	146	0.999	0.51
SiO_2	300	4000	0.31	0.9997	1.34	982	1.61	0.9929	1.6	877	981	0.997	0.873
DT	300	421	0.33	0.9999	2.11	112	1.81	0.9956	1.46	97	100	0.9996	0.609
	323	232	0.32	0.9989	3.13	60	1.88	0.9911	5.82	50	57	0.9989	1.28
	348	153	0.29	0.9969	2.53	39	1.75	0.9933	4.58	35	32	0.9973	1.43
DT (2N)	300	666	0.22	0.9969	3.51	141	1.85	0.9899	3.49	145	108	0.9987	0.786
	323	322	0.21	0.9979	1.26	66	1.81	0.999	0.48	65	58	0.9935	1.589
	348	200	0.2	0.9983	2.22	38	1.69	0.9967	2.79	40	32	0.9936	2.92

N.B: N_m en µmol/g; K en Torr^{-1}; E en %;c en Torr.µmol/g; n en Torr^{-1}. µmol.g^{-1}; a en Torr^{-1}. µmol. g^{-1} et b en µmol/g, R^2: Coefficient de régression; E(%): Erreur relative moyenne

Il apparaît ainsi, à partir des valeurs des coefficients de régression et les erreurs moyennes que les deux modèles de Langmuir et de Temkin permettent une très bonne représentation des données expérimentales dans le domaine de pressions partielles d'o-xylène étudié (toutes les déviations relatives ne dépassent pas 4%) (tableau IV-2). Le modèle de Freundlich est peu adapté à la représentation des isothermes d'adsorption de xylène sur les différents solides. Pour les pressions inférieures à 3 torr, le modèle de Freundlich donne une assez bonne représentation des points expérimentaux. Mais il s'écarte des données expérimentales lorsque la pression partielle augmente et tend à surestimer la quantité maximale adsorbée.

D'autre part, dans le domaine de pressions partielles de xylène étudié, les isothermes s'apparentent au type I, selon la classification de Brunauer et al [6]. Ils présentent des concavités tournées vers l'axe des abscisses ainsi qu'un palier horizontal à pressions supérieures à 5 torrs. Ces résultats montrent que le nombre de mole de la phase adsorbée est limité à une monocouche d'adsorption. Il est à noter, également, que les quantités maximales d'adsorption en o-xylène à l'équilibre diminuent progressivement lorsque la température augmente vue que l'adsorption est exothermique. Par ailleurs, dans les conditions expérimentales utilisées et quelle que soit la température d'adsorption, la silice demeure le matériaux qui adsorbe le plus de xylène.

L'estimation d'une valeur approchée du nombre de mole nécessaire à l'établissement d'une monocouche d'adsorbat est faite en se basant sur l'hypothèse de Langmuir [9] en prenant:

$$\theta = \frac{KP}{1+KP} \quad (a) \quad \theta = \frac{N_{ads}}{N_m}$$ avec N_{ads}: quantité adsorbée à P et N_m: le nombre de mole correspondant à la monocouche d'o-xylène, $K = \frac{k_a}{k_d}$: coefficient d'adsorption (k_a: constante de vitesse d'adsorption, k_d: constante de vitesse de désorption) et P: pression de l'adsorbat (o-xylène). Le tracé des courbes $\frac{1}{N} = f\left(\frac{1}{P}\right)$ (IV-7) permet de déterminer la valeur des paramètres K et N_m à partir des pentes et ordonnées à l'origine.

Dans le cas de la diatomite (DT), la monocouche du xylène adsorbée à 300K est estimée à: $N_m(DT)$= 420 µmol/g correspondant à 20 µmol/m^2 (S_{BET}=21 m^2/g) [15]. Pour la diatomite traitée DT (2N), la quantité maximale de xylène, nécessaire pour constituer la monocouche est $N_m(DT(2N))$= = 666 µmol/g représentant 23.5 µmol/m^2 (S_{BET}=29 m^2/g) [16]. Ces valeurs donnent lieu à: ≈ 120 × 10^{17} molécules de o-xylène adsorbées/m^2 de DT et ≈ 140 × 10^{17} molécules o-xylène adsorbées/m^2 de DT (2N).

En ce qui concerne les oxydes métalliques commerciaux, l'estimation de la monocouche de xylène donne lieu à $N_m(Al_2O_3)$= 2000 µmol/g correspondant à 20 µmol/m^2 (S_{BET} =100 m^2/g) pour Al_2O_3 et 890 µmol/g pour TiO_2 représentant 17.8 µmol/m^2 (S_{BET} =50 m^2/g). Finalement, pour SiO_2, $N_m(SiO_2)$ = 4000 µmol/g correspondant à 20 µmol/m^2 (S_{BET}=200 m^2/g) [15].

Les densités de sites maximaux rapportés à 1 g et à une unité de surface de solide ainsi que les valeurs de la monocouche de xylène en (µmol/g et µmol/ m^2) sont données dans le tableau IV-3.

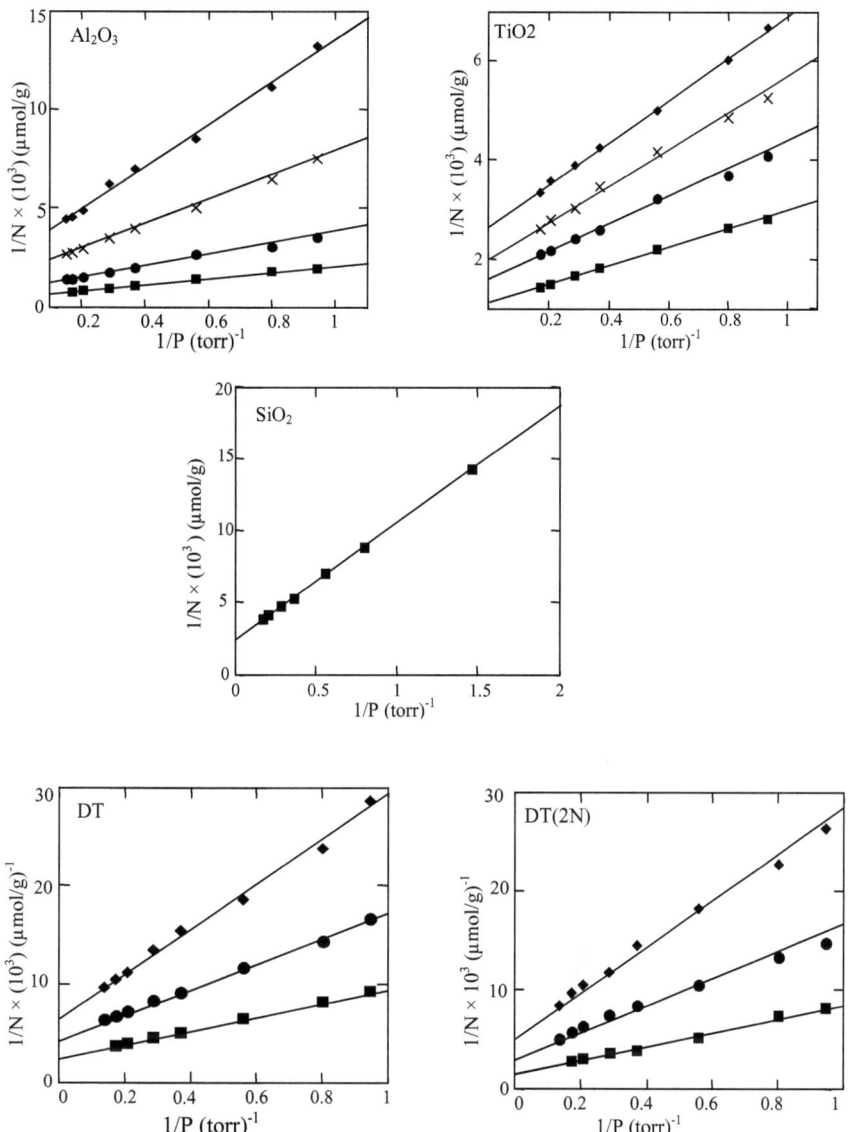

Figure IV-7: *Représentation de l'équation de Langmuir 1/N=f (1/P) pour l'adsorption de l'o-xylène à différentes températures par:*
Al$_2$O$_3$: ■, 300; ●, 323; +, 348 et ♦, 373 K
TiO$_2$: ■, 300; ●, 323; +, 348 et ♦, 373 K
SiO$_2$: ■, 300 K
DT et DT(2N): ■,T=300; ●,T=323; ♦,T=348 K.

Tableau IV-3: *Monocouche de xylène sur les différents solides et les densités de molécules maximales de xylène adsorbées*

Solide	Nm[a] (µmol/g)	Nm[b] (µmol/m^2)	Nombre de sites totale × 10^{-19} (molécules/g)	Nombre de sites totale × 10^{-17} (molécules/m^2)	Capacités maximales expérimentales à P=5.86 torr à 300K
DT	420	20	25.3	120	275
DT(2N)	666	23.5	40	138	370
TiO$_2$	890	17.8	53.6	107	700
Al$_2$O$_3$	2000	20	120	120	1325
SiO$_2$	4000	20	240	120	2590

a: monocouche de xylène ramené par gramme de solide
b: monocouche de xylène rapporté à un unité de surface

Les capacités maximales d'adsorption de tous les solides vis-à-vis de xylène dans le domaine de pressions partielles exploités dans ce travail demeurent toujours inférieures à la valeur de la monocouche estimée par le modèle de Langmuir.

Ces résultats sont présentés sur la figure IV-8 faisant mieux apparaître la différence entre la capacité maximale d'adsorption à monocouche de xylène.

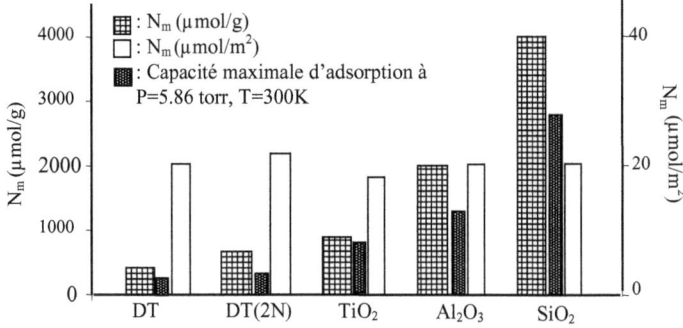

Figure IV-8: *les capacités d'adsorption à saturation des différents solides vis à vis de xylène estimer à partir de modèle de Langmuir*

En considérant une densité de sites superficiels maximum de 10^{17} sites/m^2 [17] sur les oxydes métalliques SiO$_2$, Al$_2$O$_3$ et TiO$_2$ et sur les deux minerais DT(2N) et DT. La saturation de la surface des solides à 300 K par l'o-xylène est comprise entre 107 10^{17} à 138 10^{17} molécules de xylène par m^2 (tableau IV-3). Ces valeurs sont de même ordre que la densité de sites superficielles des oxydes (10^{17} sites/m^2).

Dans cette optique, les résultats obtenus montrent que la valeur de quantité de xylène correspondante à la monocouche recouvrant tout le solide de la silice est supérieure à celle obtenue avec les autres solides. Ces résultats sont raisonnables puisque la surface spécifique de la silice est la plus grande parmi les autres solides étudiés. Globalement, la capacité d'adsorption du xylène suit la séquence suivante: $SiO_2> Al_2O_3> TiO_2 >DT(2N) >DT$.

Les principaux résultats issus des études effectuées sur l'adsorption de xylène sur des solides poreux sont reportés sur le tableau IV-4:

Tableau IV-4: *Valeurs de quelques capacités d'adsorption du xylène données dans la littérature*

Type d'adsorbant	Type d'adsorbat	Conditions expérimentales T(°C)	Capacité maximale d'adsorption moléc.α^{-1}/µmol/g	Référence
NaY	p-xyléne	150	3.43 / (2152)	[18-20]
	m-xyléne	150	3.60 / (2258)	
	m-xyléne	25	3.60 / (2258)	[18-20]
	p-xyléne	25	3.45 / (2164)	
KY	p-xyléne	150	3.1 / (1834)	[18-20]
	m-xyléne	150	2.95 / (1745)	
	p-xyléne	25	3.4/ (2011)	[18-20]
	m-xyléne	25	3.35/(1982)	
BaY	p-xyléne	150	3.04 / (1590)	[18-20]
	m-xyléne	150	3.6 / (1882)	
	p-xyléne	25	3.4 / (1778)	[18-19]
	m-xyléne	25	3.45 / (1801)	
BaX	p-xyléne	50	3 / 1428	[18-19]
	m-xyléne	50	3.28 / 1562	
ZSM-12	m-xyléne	40	≈600	[22]
AC40 Carbon bed	m-xyléne	25	6290	[23]
		45	6070	
		60	5700	
Charbon actif (CA)	o-xyléne	15	3600	[24]
		25	3500	
	m-xyléne	15	3600	
		25	3500	
	p-xyléne	15	3700	
		25	3300	
MCM-22	o-xyléne	42 / 3	320	[25]
	m-xyléne	42 / 3	300	
HZSM5-/180	p-xyléne	27 / 1.26	2116	[26]
NaZSM5-/180	p-xyléne	27 / 1.26	2030	
StY2-L	p-xyléne	27 / 1.26	3190	
SiCl4Y2-L	p-xyléne	27 / 1.26	3830	
HMOR	p-xyléne	27 / 1.26	2010	
Silicate-1 (B)	p-xyléne	50 / 9	≈800	[27]
		75 / 9	≈700	
ZSM-5	p-xyléne	50 / 9	≈1100	

Les résultats cités dans la littérature pour l'adsorption des isomères de xylène sur des adsorbants de type silicates, tels que les zéolites NaY, KY et BaY à 298 K, sont respectivement 2164, 2011, 1801 µmol/g pour le p-xylène et 2258, 1982, 1778 µmol/g pour le m-xylène [18-19]. Ces valeurs sont supérieures que celles obtenues avec la diatomite DT (420 µmol/g), DT(2N) (666 µmol/g) et TiO_2 (890 µmol/g). Cependant, nous ne notons pas de différence remarquable en comparaison avec l'alumine. Par contre, ces valeurs sont inférieures que celles trouvées pour la silice (4000 µmol/g).

Les valeurs de la monocouche de p-xylène adsorbée à température ambiante sur des solides de type argileux comme les sols (Webster soil (2.6 m^2/g), Webster HP (33 m^2/g)), Kaolinite ((13.6 m^2/g) [28] sont respectivement 53.6, 116, 42 µmol/g. Ces valeurs sont inférieures que celles trouvées sur les solides type diatomites (DT et DT(2N)) ainsi que par rapport aux oxydes commerciaux.

La comparaison de nos résultats avec ceux donnés pour l'adsorption de xylène sur des adsorbants tels que le charbon actif AC40 et CA montrent les deux solides présentent des capacités d'adsorption importantes respectivement égales à 6290 µmol/g [23] et 3500 µmol/g [24], en raison de ses surfaces spécifiques élevées (1330 m^2/g) et (990 m^2/g). L'expression de ces quantités en µmol/m^2, conduit à des valeurs de ($\approx$5 µmol/m^2) pour le charbon actif AC40 et de ($\approx$3.5 µmol/m^2) pour CA. Ces valeurs sont nettement faibles à celles mesurées sur les diatomites (DT et DT (2N) (20 et 23.5 µmol/m^2) et les oxydes commerciaux (20 µmol/m^2 pour Al_2O_3, 17.8 µmol/m^2 pour TiO_2 et 20 µmol/m^2 SiO_2).

IV- Conclusion

L'établissement des isothermes d'adsorption à des températures comprises entre 300 K et 373 K avec des flux gazeux contenant des concentrations de l'o-xylène situés entre 0.13 et 1.05 % a été fait par exploitation quantitative des capacités d'adsorption mesurées dans des conditions dynamiques selon l'approche développé dans ce travail. L'estimation des valeurs de la monocouche de xylène adsorbé sur les solides étudiés a nécessité une modélisation des isothermes expérimentales en se basant sur les hypothèses de Langmuir, de Freundlich et de Temkin. Ces modèles ont été choisis parce qu'ils font appel à des interactions basées sur la physisorption essentiellement. Les résultats obtenus ont montré que les modèles de Langmuir et de Temkin représentaient le mieux nos résultats expérimentaux. Ceci a permis une estimation des valeurs de monocouche pour les oxydes métalliques et les minerais diatomites (naturel et traité).

L'ensemble des isothermes d'adsorption de xylène sur les adsorbants étudiés sont de type I avec des monocouches variant entre 420 µmol/g et 4000 µmol/g correspondant à un nombre de sites totale de l'ordre de 120×10^{17} (molécules ou sites /m^2). La silice permet l'adsorption de quantités supérieures de xylène avec une monocouche de l'ordre de 4000 µmol/g. Il est à signaler que pour tous les solides étudiés, les valeurs de capacités maximales expérimentales mesurées sont toujours inférieurs à la monocouche de xylène. Ceci a été obtenu dans le domaine de pression partielle d'o-xylène (P) étudié correspondant à des valeurs inférieure à sa pression de vapeur saturante (Ps) à la température d'adsorption (P<Ps= 6.62 torr dans le cas de l'adsorption à 300 K); et ce pour éviter la condensation de l'o-xylène dans la phase gazeuse. Il est à signaler, également que les capacités adsorbées diminuent lorsque la température augmente montrant qu'il s'agit d'une adsorption physique exothermique.

Références bibliographiques

[1] D. M. Ruthven, Principles of Adsorption Processes, New York, John Wiley, 1984

[2] D. D. Do, Adsorption Analysis: Equilibria and Kinetics; Series on Chemical Engineering. 2, London: Imperial College Press (1998)

[3] R.T. Yang, Gas Separation by Adsorption Process, Butterworth, Boston (1987)

[4] H. Jankowska, A. Swiatkowski and J. Choma; «Active Carbon». Military Technical Academy, Warsaw, Poland, (1991)

[5] S. Saysset., Thèse de Doctorat, Institut National Polytechnique de Lorraine, Nancy (France) (1999)

[6] S. Brunauer, « The adsorption of gases and vapours ». Oxford University Press. (1944)

[7] IUPAC, «Reporting Physisorption data for gas/solid systems with special reference to the determination of surface area and porosity», Pure and Appl. Chem. 57(4) (1985) 603

[8] V. Cottier, Thèse, Université de Bourgogne, Dijon, (1996)

[9]. I. Langmuir, J. Am. Chem. Soc. 40 (1918) 1361

[10] H. Freundlich, Colloid and Capillary Chemistry, Methuen, London, (1926)

[11] M. Temkin, Zh. Fiz. Khim, 14 (1941) 296

[12] A. Frumkin, A. Slygin, Acta Physicochim. 3 (1935) 791

[13] F. C. Tompkins, Chemisorption of Gases on Metals, Academic Press, London, (1978)

[14] J. M. Thomas, W. J. Thomas, Principles and practice of heterogeneous catalysis, Ed. VCH, (1997)

[15] **H. Zaitan**, T. Chafik, C. R. Chimie 8 (9-10) (2005) 1701

[16] **H. Zaitan**, C. Feronnato, D. Bianchi, S. Harti, T. Chafik, Ann. Chim. Sci. Mat. (mineures corrections)

[17] J. E. Germain, Catalyse de Contact, Techniques de l'Ingénieur, DOC. J-1180

[18] M. H. Simonot-Grange, O. Bertrand, E. Pilverdier, J. P. Bellat, C. Paulin, J. Therm. Anal. 48 (1997) 741

[19] E. Pilverdier, Thèse, Université de Bourgogne, Dijon, France, (1995)

[20] J. P. Bellat, M. H. Simonot-Grange, S. Jullian, Zeolites 15 (2) (1995) 124

[21] J. P. Bellat, M. H. Simonot-Grange, Zeolites 15 (3) (1995) 219

[22] J. M. Guil, R.Guil-Lopez, J. A. Perdigon-Melon,A. Corma, Micropor. Mesopour. Mater. 22 (1998) 269

[23] J. Benkhedda, J. N. Jaubert, D. Barth, L. Perrin, M. Bailly, J. Chem. Thermodyn. 32 (3) (2000) 411

[24] C.M. Wang, K.S. Chang and T. W. Chung, J. Chem. Eng. Data. 49 (2004) 527

[25] A. Corma, c. Corell, J. Pérez-Pariente, J. M. guil, R. Guil-Lopez, S. Nicolpoulos, J. Gonzalez Galbet, M. Vallet-Regi, Zeolites 16 (1996) 7

[26] C. K. W. Meininghaus, R. Prins, Micropor. Mesopour Mater. 35-36 (2000) 349

[27] L. Song, L. V.C. Rees, Micropor. Mesopour. Mater. 35-36 (2000) 301

[28] K. D. Pennell, R. D. Rhue, P. S. C. Rao, C. T. Johnston, Environ. Sci. Technol. 26 (1992) 756

CHAPITRE V
Calcul des chaleurs et entropies d'adsorption

Dans ce chapitre, nous allons évaluer la chaleur mise en jeu lors de l'adsorption de l'o-xylène. Ce paramètre est d'une importance majeure de point de vue industriel puis qu'il permet de contribuer au dimensionnement des installations, de régénération du solide adsorbant et/ou de récupération de solvant.

À partir de la modélisation des isothermes, nous avons pu avoir accès à la chaleur d'adsorption isostérique selon l'équation de Clausius-Clapeyron. Les valeurs ainsi trouvées sont comparées à celles trouvées par la méthode de désorption à température programmée. De même, des informations supplémentaires sur le phénomène d'adsorption ont été obtenues à partir de la détermination des entropies d'adsorption.

Chpaitre V: Calcul des chaleurs et entropies d'adsorption

Sommaire

I- Introduction.. 119
II- Calcul de la chaleur d'adsorption... 120
    II-1 Chaleur isostérique... 120
    II-2 Evaluation des chaleurs d'adsorption à partir des DTP.................. 123
III- Calcul de la variation d'entropie.. 126
    II-1 Entropie d'adsorption standard expérimentale ΔS.................... 127
    II-2 Entropies théoriques.. 127
        II-2-1 Entropie de translation d'un gaz.................................... 127
        II-2-2 Entropie de translation d'un gaz adsorbé mobile........ 128
        II-2-3 comparaison entre valeurs expérimentales et valeurs théoriques.. 128
IV- Conclusion... 130
Références bibliographiques... 131

I- Introduction

L'adsorption d'un gaz sur un solide s'accompagne toujours d'un dégagement de chaleur (chaleur d'adsorption) dont la valeur varie selon la matrice du couple adsorbant-adsorbat. La connaissance de l'ordre de grandeur de chaleur d'adsorption pourrait apporter des informations importantes d'un point de vue industriel puis qu'il permet de contribuer au dimensionnement des installations, en particulier, lorsque la régénération de l'adsorbant et la récupération de solvant sont économiquement recherchés (faible énergie d'adsorption et coût du solvant élevé) [2]. D'autre part, la connaissance de l'évolution de la chaleur d'adsorption avec le taux de recouvrement peut fournir des informations utiles sur l'hétérogénéité des sites superficielles et renseigner sur les interactions entre les molécules d'adsorbat et l'adsorbant [3-6].

Parmi les techniques de détermination de la chaleur d'adsorption, les plus utilisées sont la microcalorimétrie [7], la désorption à température programmée [8-9] ou bien encore les mesures basées sur l'équation de Clausius-Clapeyron à partir des isothermes d'adsorption à différentes températures (chaleurs isostériques). Chacune de ces méthodes présente des caractéristiques qui lui sont propres et qui lui confère des avantages et des inconvénients.

Nous avons décrit précédemment la méthode développée pour la détermination des quantités adsorbées par traitement quantitative de spectres IRTF en phase gazeuse enregistrés dans des conditions dynamiques (sous flux de gaz à la pression atmosphérique). Ces quantités ont permis l'obtention d'isothermes d'adsorption que nous avons confrontés avec les modèles les plus sollicités pour décrire les phénomènes d'adsorption et estimer la densité moléculaire des espèces adsorbées correspondant à la monocouche.

Dans le présent chapitre, les résultats précédents seront utilisés pour déterminer la chaleur d'adsorption mise en jeu lors de processus d'adsorption. Compte tenu de la nature du phénomène faisant appel essentiellement à la physisorption, nous avons opté pour le calcul de chaleur isostérique d'adsorption à partir de l'équation de Clausius Clapeyron et comparer les valeurs obtenues, avec celles données par la méthode de désorption à température programmée (TPD). Les valeurs de chaleurs d'adsorption seront utilisées en fin de ce chapitre pour le calcul de l'entropie d'adsorption de xylène sur les solides étudiés.

II- Calcul de la chaleur d'adsorption

II-1 Chaleur isostérique

Les phénomènes d'adsorption misent en jeu dans ce travail sont, essentiellement, à base de physisorption, qui sont généralement décrits par des paramètres tels que la chaleur isostérique d'adsorption. Cette grandeur est, par convention, calculée à partir de l'équation de Clausius– Clapeyron, pour un recouvrement donné de la surface en utilisant une isotherme la plus adaptée ($\left(\dfrac{\partial(\ln P)}{\partial\left(1/T\right)}\right)_\theta = \dfrac{Q_{isos}}{R}$) ($Q_{isos}$ représente la chaleur d'adsorption isostérique).

Dans ce travail, nous avons montré que le modèle de Langmuir décrit bien les phénomènes d'adsorption dans les conditions de l'étude. Les isothermes obtenues selon ce modèle ont été utilisées à des températures proches l'une de l'autre, pour estimer la chaleur d'adsorption isostérique Q_{iso} pour un taux de recouvrement de surface préalablement fixé. La figure V-1 donne les isostères $\ln(P)= f(1/T)$ obtenus à partir des différentes isothermes, par interpolation des valeurs de pression et de température pour une quantité adsorbée. L'estimation de la chaleur d'adsorption est donnée à partir de la pente d'isostère. En procédant avec plusieurs isostères, il est possible d'obtenir l'évolution de la chaleur d'adsorption avec le recouvrement θ; ($\theta=N/N_m$, N représente la fraction de surface couverte par une couche monomoléculaire de xylène et N_m qui est le nombre de mole de xylène nécessaire pour remplir la monocouche, préalablement déterminé par l'isotherme de Langmuir.

Il est à noter, toutes fois que cette procédure, basée sur l'application de l'équation de Clausius-Clapeyron, reste très sensible aux conditions expérimentales. Elle nécessite une précaution particulière, car une incertitude de ± 2 K sur la température affectera la valeur de la chaleur d'adsorption isostérique de ± 8 kJ/mol [10].

Les résultats obtenus montrent que pour l'ensemble des solides la chaleur isostérique d'adsorption globale obtenue à faibles taux de recouvrement est de l'ordre de 60 kJ/mol. Cette valeur décroît lorsque la quantité adsorbée augmente. Ainsi, pour une quantité de xylène donnée, les chaleurs isostériques d'adsorption pour l'ensemble des solides (DT, DT(2N)/ Al_2O_3, TiO_2, SiO_2) sont sensiblement égales (tableau V-1).

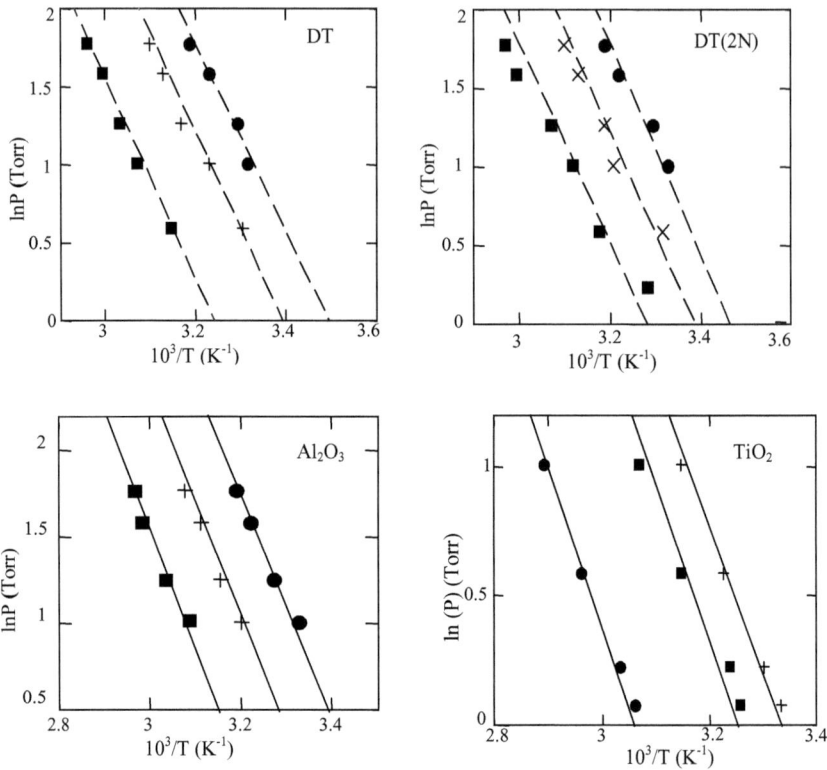

Figure V-1: Détermination de la chaleur isostérique d'adsorption d'o-xylène par par les minerais diatomites et les oxydes métalliques à différents taux de recouvrement:
DT: ■, $\theta=0.25$; ×, $\theta=0.36$; ●, $\theta=0.47$.
DT(2N) ■,$\theta=0.2$; ×, $\theta=0.29$;●, $\theta=0.39$
Al_2O_3: ●, $\theta=0.25$; ■, $\theta=0.35$; +, $\theta=0.47$.
TiO_2: ●, $\theta=0.29$; ■, $\theta=0.35$; +, $\theta=0.4$.

Toutefois, une légère diminution des valeurs de chaleurs d'adsorption totales a lieu dans l'intervalle de taux de recouvrement étudiés. Ceci est attribué généralement à des interactions répulsives entre les molécules adsorbées (adsorbat - adsorbat). La valeur obtenue de l'ordre de 60 kJ/mole, se situe bien dans le domaine de l'adsorption physique correspondant aux interactions de type de Van der Waals et dépasse légèrement la chaleur de vaporisation.

Tableau V-1: Chaleurs d'adsorption à différents taux de recouvrement sur: Al_2O_3, TiO_2, DT et DT(2N)

DT		DT (2N)		TiO_2		Al_2O_3	
θ	Q_{st} (kJ/mol)	θ	Q_{st} (kJ/mol)	θ	Q_{st} (kJ/mol)	θ	Q_{st} (kJ/mol)
0.25	57	0.2	54	0.29	53	0.25	58
0.36	54	0.29	54	0.35	49	0.35	56
0.47	52	0.39	49	0.4	47	0.47	54

Q_{st}: Chaleur isostérique (KJ/mol), θ: Taux de recouvrement

Les valeurs de chaleurs d'adsorptions reportées dans la littérature sont regroupées dans le tableau V-2. Les chaleurs d'adsorption extrapolées à taux de remplissage nul pour le p-xylène et m-xylène dans différents solides sont données dans le tableau V-2. Il est à remarquer que BaY présente des fortes chaleurs d'adsorption traduisant une forte affinité de solide vis-à-vis de xylène.

Tableau V-2: Chaleurs d'adsorption à taux de remplissage nul données dans la littérature pour p-xylène et m-xylène sur les zéolithes X, Y et des charbon actifs.

adsorbant	adsorbat	Qs/kJ.mol^{-1}	ΔH^b/kJ.mol^{-1}	ΔH^c/kJ.mol^{-1}	ΔH^d/kJ.mol^{-1}
NaY	p-xylène	70 (a)	76(b)	76.6 (c)	76 (d)
	m-xylène	75 (a)	78 (b)	84.6 (c)	86 (d)
KY	p-xylène	65 (a)	76 (b)	75.8(c)	65 (d)
	m-xylène	60 (a)	76 (b)	77.9 (c)	51 (d)
BaY	p-xylène	150 (a)	107 (b)	--	--
	m-xylène	150 (a)	115 (b)	--	--
ZSM5 [11]	p-xylène	64.4	--	--	--
Silicate-1 (B) [12]	p-xylène	67	--	--	--
Graphite [13]	m-xylène	75	--	--	--
Spheron 9 [13]	m-xylène	62	--	--	--

Qs: Chaleur isostérique et ΔH: Chaleur d'adsorption
(a): selon J.P.Bellat et al [14-15],
(b): selon E. Pilverdier [16]
(c): selon Ruthven et al [17-19]
(d): selon Santacesaria et al [20-21]

Les quantités de chaleur extrapolées à remplissage nul des solides DT, DT(2N), Al_2O_3 et TiO_2 sont situées entre 63 et 65.5 kJ/mol. Les courbes de variation de la chaleur d'adsorption en fonction de taux de recouvrement sont données sur la figure V-3.

Nous remarquons, par ailleurs, que nos valeurs sont du même ordre de grandeur que la chaleur isostérique d'adsorption obtenue traditionnellement dans la littérature avec d'autres adsorbants de type zéolithes, charbon actif, silicates (de l'ordre de 60 kJ/mole).

D'autre part, le fait que l'o-xylène ne se fixe pas de façon très énergétique sur la surface de diatomite DT et DT (2N), confère à ce matériau un avantage supplémentaire, en terme de facilité de régénération.

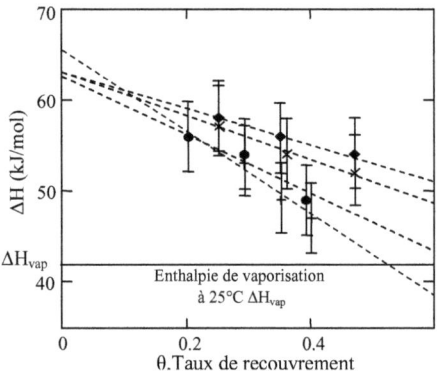

Figure V-3: la chaleur d'adsorption de xylène par: ×, DT; •, DT(2N); +, TiO$_2$ et ♦, Al$_2$O$_3$.

II-2 Evaluation des chaleurs d'adsorption à partir des DTP

Dans ce paragraphe, nous allons exploiter les résultats obtenus à partir de désorption à température programmée. Ces derniers ont été effectués, après adsorption suivie d'une désorption isotherme. Comme préalablement signalé dans le chapitre, nous avons eu recours à cette étape pour désorber la fraction des molécules les plus fortement adsorbées.

En général la réaction de désorption obéit aux lois classiques de la cinétique. Nous pouvons donc écrire la vitesse de désorption sous la forme: $-\dfrac{d\theta}{dt} = k.\theta^n$ où n est l'ordre de la réaction.

k suit la loi d'Arrhenius:

$$k = \upsilon.\exp\left(\dfrac{E}{RT}\right) \qquad (V-1)$$

où E est l'énergie d'activation de désorption en J.mol^{-1}

R la constante des gaz parfaits égale à 8.31 en J. mol^{-1}.K^{-1} et T la température absolue en K

υ: le facteur préexponentiel souvent égal à ($kT/h \approx 10^{13}$ s^{-1}) avec k: constante de Boltzmann $=1.38\times10^{-23}$ en J.K^{-1}, h: constante de Plank $= 6.6\times10^{-34}$ en J.S et T: la température

La vitesse de désorption s'écrit donc:

$$\frac{-d\theta}{dt} = \upsilon.\theta^n.\exp\left(-\frac{E_d}{RT}\right) \qquad (V-2)$$

Cette équation montre qu'une représentation de la vitesse de désorption en fonction de la température (elle-même en fonction du temps) (spectre DTP) donne accès à l'énergie d'activation lié au phénomène de désorption.

Connaissant la valeur de la température au maximum du pic T_m, l'énergie d'activation de désorption E_d (qui dans le cas d'une adsorption non activée correspond à la chaleur d'adsorption) peut être déterminée en considérant que la dérivée seconde de la vitesse est nulle au maximum du pic: (pour n=1) la relation (V-2) devient:

$$E_d = RT_m\left[\ln\left(\frac{\upsilon}{\beta}\right) - \ln\left(\frac{\ln(\frac{\upsilon}{\beta})}{T_m}\right)\right] \qquad (V-3)$$

(avec β: vitesse de montée de température) (dans notre cas est égale à 5K/min).

Les limites inhérentes à cette méthode proviennent, pour l'essentiel, de considérations fondamentales et concernent la difficulté de détermination de paramètres cinétiques qui influent directement sur l'interprétation qualitative et quantitative des spectres de thermodésorption. En particulier interviennent: l'influence du taux de remplissage sur la forme du spectre TPD, lié aux problèmes diffusionnels, les états de multiples liaisons lorsqu'il y a interaction de plusieurs molécules d'adsorbat avec un seul site d'adsorption ou lorsqu'il existe des interactions entre molécules adsorbées, la possibilité de réadsorption après la désorption [22]. Ce phénomène peut faire chuter la valeur du facteur pré-exponentiel jusqu'à 10^3 s^{-1} pouvant d'une part conduire à des valeurs d'énergie d'activation de désorption bien plus importantes que celles attendues et d'autre part donne lieu à une hétérogénéité des sites d'adsorption [23].

Dans le présent travail, nous avons appliqué la formule donnée par Eq (V-3) pour le calcul de l'énergie d'activation de désorption de xylène fortement adsorbé sur l'ensemble des solides (DT, DT(2N), Al$_2$O$_3$, TiO$_2$, SiO$_2$). Ceci permettra de donner un ordre de grandeur de l'énergie mise en jeu lors de la désorption à température programmée (Figure V-4, V-5 et tableau V-3). Les valeurs de T_m (température au maximum de pic de désorption) sont obtenues à partir de spectres DTP. β Représente la vitesse de montée en température (5 K/min dans notre étude).

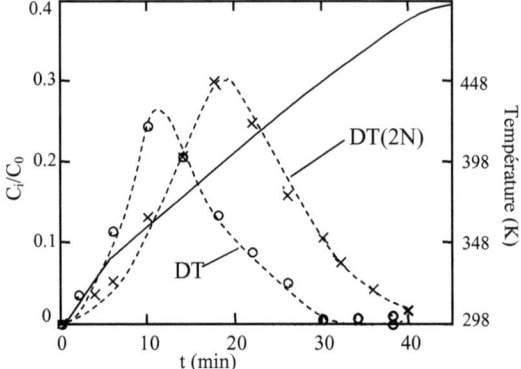

Figure V-4: *Spectre DTP après adsorption - désorption isotherme de 3600 ppmv de xylène à 300K: DT, ×, DT(2N) et −, Température*

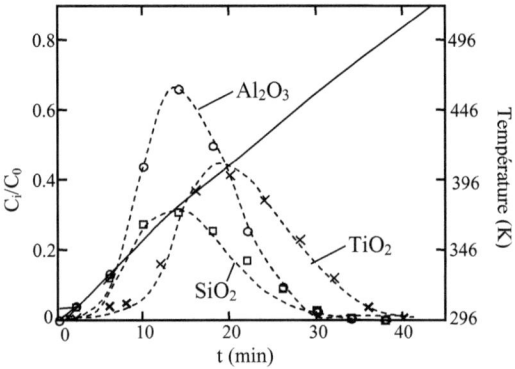

Figure V-5: *Spectre DTP après adsorption-désorption isotherme de 3600 ppmv de xylène à 300K: □, SiO_2, ○, Al_2O_3, ×, TiO_2 et −, Température*

Comme montré dans les figures V-4 et V-5, les spectres obtenus montrent un seul pic symétrique de xylène est détecté à des températures de T_m= 358, 378, 368, 401, 368 K respectivement pour DT, DT(2N), Al_2O_3, TiO_2, SiO_2 indiquant que la thermodésorption mise en jeu impliquent une seule famille de sites par solide. Les valeurs de l'énergie de désorption de xylène préadsorbée sur DT, DT(2N), Al_2O_3, TiO_2, SiO_2 sont données dans le tableau V-3.

Tableau V-3: Energies d'activation et températures au maximum de pic TPD de différents solides étudiés.

Solide	DT	DT(2N)	Al$_2$O$_3$	TiO$_2$	SiO$_2$
θ	0.14	0.14	0.13	0.23	0.06
T$_m$ (K)	358	378	368	401	368
E$_d$ (KJ/mol)	91	97	94	103	94

Les valeurs ainsi trouvées sont supérieures à celles obtenues par calcul de la chaleur isostérique. Ceci n'est pas étonnant puisque dans le calcul de la chaleur d'adsorption par l'équation de Claussius–Clapeyroun on mesure une chaleur moyenne de xylène faiblement physisorbé et fortement physisorbé alors que dans le cas de désorption à température programmée on mesure seulement des espèces fortement physisorbés. Cette énergie est due à une fraction adsorbée sur espace difficilement accessible au xylène.

III- Calcul de la variation d'entropie

Le présent paragraphe porte sur l'étude des degrés de liberté des molécules de xylène adsorbées sur la surface des solides étudiées ainsi que l'énergie de liaisons xylène – adsorbant mises en jeu lors de l'adsorption de xylène. Ceci est fait par comparaison avec des résultats donnés dans la littérature.

L'adsorption des molécules d'un gaz (état tridimensionnel) sur la surface d'un solide c'est à dire le passage de l'état gazeux à l'état adsorbé se traduisant en général par une perte au moins d'un degré de liberté des molécules. De Boer et Kruyer [24] ainsi que Kemball [25,26] et Everett [27,28] ont développé une théorie permettant de comparer la variation d'entropie expérimentale à la variation théorique lors du passage d'une molécule de l'état gazeux à l'état adsorbé. Deux modèles extrêmes d'adsorption peuvent se produire: une adsorption localisée ou immobile dans laquelle les molécules sont liées assez fortement pour que la translation dans un plan parallèle ou perpendiculaire à la surface, soit impossible et une adsorption non localisés ou mobile dont les molécules passent de l'état gazeux tridimensionnel à l'état adsorbé bidimensionnel; leur translation dans un plan perpendiculaire à la surface est plus possible, mais la translation dans un plan parallèle existe et contribue à l'entropie. Entre ces deux modèles extrêmes, peuvent exister, d'autres états intermédiaires. Dans ce qui suit, nous indiquerons les calculs effectués pour obtenir les variations d'entropie expérimentales ramenés à l'état standard afin de pouvoir les comparer aux variations théoriques.

III-1 Entropie d'adsorption standard expérimentale ΔS

L'entropie d'adsorption est calculée à partir de la formule (V-4) [29]:

$$\Delta S_{exp} = \frac{\Delta H - \Delta G}{T} \quad (V-4)$$

dont ΔH représente la chaleur différentielle d'adsorption que nous pouvons considérer comme égale à la chaleur isostérique et ΔG correspond à la variation de l'énergie libre donnée par la formule (V-5):

$$\Delta G = -R.T.\log\frac{P_0}{P} \quad (V-5)$$

(P étant la pression déduite de l'isotherme considéré pour une quantité de gaz adsorbé et P_0 égale 760 torr).

Pour dériver l'information utile de ces valeurs, des modèles tels que le modèle de film mobile et le modèle de film localisé dont chacun a été mentionné un état standard différent: ont été développés par DE Boer et KRUYER pour permettre la comparaison entre les valeurs théoriques et les valeurs expérimentales

- pour une couche adsorbée mobile [30]:

$$\Delta S_m = \Delta S_{exp} + R\ln(\frac{\overset{0}{A}}{A}) \quad (V-6)$$

où $Å = 4.08\, T \times 10^{-20}\, cm^2$ représente l'aire standard disponible à chaque molécule à la température T (K) et A, l'aire réellement disponible à la molécule ($47 \times 10^{-20}\, m^2$). Cette section peut être déterminée par la formule d'EMMETT [31] pour des molécules simples.

- pour une couche adsorbée immobile:

$$\Delta S_i = \Delta S_{exp} + R.\ln\frac{\theta}{1-\theta} \quad (V-7)$$

où R est la constante de gaz parfait.

III-2 Entropies théoriques

III-2-1 Entropie de translation d'un gaz

L'entropie due aux mouvements de translation d'un gaz à l'état standard (S_{t3D}) est donnée, en unités d'entropies par [30-31]:

$$S_{t3D} = R\ln(M^{1.5}T^{2.5}) - 9.61 \quad (V-8)$$

Avec M est la masse moléculaire et R la constante de gaz parfait.

III-2-2 Entropie de translation d'un gaz adsorbé mobile

Les molécules d'un gaz adsorbé mobile peut être considéré comme un gaz idéal en deux dimensions et l'entropie de translation (S_{t2D}) pour cet gaz est donnée par l'expression [30-31]:

$$S_{t2D} = 0.667 S_{t3D} + 2.76 \ln T - 12.71 \quad (V-9)$$

III-2-3 comparaison entre valeurs expérimentales et valeurs théoriques

Après ces déterminations, dans l'ordre d'avoir une idée sur l'état de molécules de xylène sur la surface de l'adsorbant les valeurs de variations ΔS_i et ΔS_m sont comparées avec les valeurs théoriques. Si le système correspond à l'adsorption immobile (modèle de film localisé), ΔS_i doit être constante et ΔS_i doit être égale à la perte totale d'entropie de translation, donc:

$$\Delta S_i = S_{t3D} \quad (V-10)$$

Si le système correspond à l'adsorption mobile, ΔS_i ne dépend du recouvrement et ΔS_m doit être égale à:

$$S_{t3D} - S_{t2D} \quad (V-11)$$

Nous avons calculé, pour différentes isothermes, et pour différents taux de recouvrement, la variation d'entropie correspondant au passage de l'état gazeux à l'état adsorbé. Les résultats sont groupés dans les tableaux V-4, V-5, V-6 et V-7

Tableau V-4: Données thermodynamiques (variation d'entropie) pour l'adsorption de xylène sur la diatomite brute DT.

T (K)	θ	-ΔH (Kj.mol^{-1})	-ΔG (Kj.mol^{-1})	-ΔS (j.mol^{-1}.K^{-1})	-ΔS$_m$ (j.mol^{-1}.K^{-1})	-ΔS$_i$ (j.mol^{-1}.K^{-1})	S$_{t3D}$ (j.mol^{-1}.K^{-1})	S$_{t3D}$-S$_{t2D}$ (j.mol^{-1}.K^{-1})
300	0.1	60	19	135	108	154	167	114
	0.2	58	17	134	108	147		
	0.25	57	16.5	134	109	137		
323	0.1	60	20.7	127	99	145	169	116
	0.2	58	18.5	128	100	140		
	0.25	57	18	129	101	137		
348	0.1	60	18	119	91	137	170	117
	0.2	58	15	123	95	134		
	0.25	57	13	125	97	134		

Tableau V-5: variation d'entropie) pour l'adsorption de xylène sur la diatomite DT(2N).

T (K)	θ	-ΔH (Kj.mol^{-1})	-ΔG (Kj.mol^{-1})	-ΔS (j.mol^{-1}.K^{-1})	-ΔS$_m$ (j.mol^{-1}.K^{-1})	-ΔS$_i$ (j.mol^{-1}.K^{-1})	S$_{t3D}$ (j.mol^{-1}.K^{-1})	S$_{t3D}$-S$_{t2D}$ (j.mol^{-1}.K^{-1})
	0.1	60	22	126	98	144		
300	0.2	56	20	120	93	132	167	115
	0.25	54.5	19	116	89	127		
	0.1	60	19	128	100	146		
323	0.2	56	16	123	95	134	169	116
	0.25	54.5	15	119	91	129		
	0.1	60	18	120	91	138		
348	0.2	56	15	116	88	128	170	117
	0.25	54.5	14	114	86	124		

Tableau V-6: *variation d'entropie pour l'adsorption de xylène sur Al_2O_3.*

T (K)	θ	-ΔH (Kj.mol^{-1})	-ΔG (Kj.mol^{-1})	-ΔS (j.mol^{-1}.K^{-1})	-ΔS$_m$ (j.mol^{-1}.K^{-1})	-ΔS$_i$ (j.mol^{-1}.K^{-1})	S$_{t3D}$ (j.mol^{-1}.K^{-1})	S$_{t3D}$-S$_{t2D}$ (j.mol^{-1}.K^{-1})
	0.1	61	19	138	111	157		
300	0.2	59	17	139	112	150	167	114
	0.25	58	16	139	112	143		
	0.1	61	18	131	103	150		
323	0.2	59	16	132	104	144	169	116
	0.25	58	15	133	105	141		
	0.1	61	17	125	96	143		
348	0.2	59	13	132	103	144	170	117

Tableau V-7: *variation d'entropie pour l'adsorption de xylène sur TiO_2.*

T (K)	θ	-ΔH (Kj.mol^{-1})	-ΔG (Kj.mol^{-1})	-ΔS (j.mol^{-1}.K^{-1})	-ΔS$_m$ (j.mol^{-1}.K^{-1})	-ΔS$_i$ (j.mol^{-1}.K^{-1})	S$_{t3D}$ (j.mol^{-1}.K^{-1})	S$_{t3D}$-S$_{t2D}$ (j.mol^{-1}.K^{-1})
	0.1	61.5	20	136	109	155		
300	0.2	56	19	124	97	135	167	114
	0.3	53	17	118	91	125		
	0.1	61.5	20	133	105	151		
313	0.2	56	18	120	93	132	168	115
	0.3	53	16	115	88	123		
	0.1	61.5	21	122	94	140		
333	0.2	56	18	113	85	125	169	116
	0.3	53	16	116	82	116		

Pour tous les solides, aucun de deux modèles n'est satisfaisant. Pour expliquer ceci, De Boer et Kruyer [24] font intervenir un autre modèle intermédiaire entre les deux précédents où il y a une transition entre l'adsorption de film localisée par modèles à basse taux de recouvrement changeant en un film mobile à plus haut taux de recouvrement: une molécule s'adsorbe et, après un court séjour sur la surface, se désorbe pour se réadsorber sur un autre site; ce processus «par bonds» conduit à une entropie intermédiaire entre celles des deux modèles simples.

Pour une adsorption totalement immobile, $-\Delta S_i$ est égale à S_{t3D}. ici, $-\Delta S_i$ est légèrement inférieures à des hautes températures qu'à basses températures, (par exemple le cas de DT: 157 (j.mol^{-1}.K^{-1}) à 300 K au lieu 137 (j.mol^{-1}.K^{-1}) à 348K ce qui indique que la mobilité de xylène est plus grande à basse température qu'à température plus élevée. Nous pouvons donc penser que l'adsorption de xylène sur les différents adsorbants est une adsorption localisée non idéale, dans laquelle les molécules conservent encore des degrés de liberté non négligeable participant à son entropie ceci est grâce à des liaisons faibles entre solide et xylène. Ces résultats sont similaire à ceux trouvées dans le cas de l'adsorption de m-xyléne sur des charbons actifs type (graphite et Sphéron) [32].

IV- Conclusion

L'adsorption de l'o-xyléne sur les différents solides étudiés dans ce travail montre que l'adsorption du xylène sur les différents solides est de type physique mise en évidence par une chaleur d'adsorption relativement faible (de l'ordre de chaleur de vaporisation de xylène). Les chaleurs d'adsorption isostérique mises en jeu lors de l'adsorption de xylène sur les solides diminuent légèrement et linéairement en fonction de taux de recouvrement indiquant une interaction entre les molécules adsorbées. Ceci est en accord avec les modèles de Langmuir et Temkin considérés dans notre étude pour la modélisation de nos résultats expérimentaux.

Les valeurs des chaleurs d'adsorption obtenues à partir des expériences de désorption à température programmée sont supérieures à celles données par l'équation de Claussius–Clapeyron. Ceci est en accord avec le fait que cette énergie mise en jeu par les espèces fortement physisorbés et/ou adsorbée dans un espace difficilement accessible aux molécules de xylène (diffusion).

Le calcul de l'entropie permet de constater que l'adsorption est localisée non idéale en gardant toutefois, dans les conditions de l'étude.

Références bibliographiques

[1] P. LE Cloirec, Adsorption en traitement de l'air, Techniques de l'Ingénieur, Traité Environnement, Doc. G 1770

[2] S. Saysset, Thèse de Doctorat, Institut National Polytechnique de Lorraine, Nancy (France) (1999)

[3] A. Khelifa, Z. Derriche, A. Bengueda, Micropor. Mesopour. Mater. 32 (1999) 199

[4] A. Khelifa, Z. Derriche, A. Bengueda, Micropor. Mesopour. Mater. 178 (1999) 61

[5] J. A. Dunne, M. Rao, S. Sircar, R. J. Gorte, A. L. Myers, Langmuir 12 (1996) 5896

[6] R. M. Barrer, R. M. Gibbons, Trans. Faraday Soc. 61 (1965)

[7] A. Auroux, Thermal methods: calorimetry, differential thermal analysis, and thermogravimetry [for catalyst characterization] B. Imelik; J. C. Vedrine, Eds, 611-50. Plenum, New York, (1994)

[8] J. L. Falconer, J. A. Schwarz, Catal. Rev. Sci. Eng. 25 (1983) 141

[9] L. Petit, C. Lourdelet, F. Raatz; Mise au Point sur la TPD de NH_3 Appliquée à la caracatérisation de l'acidité dans les Zéolithes; Rapport IFP n°36552 (1988)

[10] O. Dulaurent and D. Bianchi, Appl. Cata. A. 196 (2000) 271

[11] O. Talu, C.-J. Guo, D. T. Hayhurst, J. Phys. Chem. 93 (21) (1989) 7294

[12] L. Song, L. V.C. Rees, Micropor. Mesopour. Mater. 35-36 (2000) 301

[13] D. Dollimore, G.R. Heal, D.Martin, J. C. S. Faraday I. 68 (1972) 832

[14] J. P. Bellat, M. H. Simonot-Grange, S. Jullian, Zeolites 15 (2) (1995) 124

[15] J. P. Bellat, M. H. Simonot-Grange, Zeolites 15 (3) (1995) 219

[16] E. Pilverdier, Thèse, Université de Bourgogne, Dijon, France, (1995).

[17] D. M. Ruthven, M. Goddard, Zeolites 6 (1986) 275

[18] M. Goddard, D. M. Ruthven, Zeolites 6 (1986) 283

[19] M. Goddard, D. M. Ruthven, Zeolites 6 (1986) 445

[20] E. Santacesaria, D. Gelosa, D. Picenoni, P. Danise, J. Coll. Int. Sci. 98 (2) (1984) 467

[21] E. Santacesaria, D. Gelosa, P. Danise, S. Carra, Ind. Eng. Chem. Process Des. Dev. 24 (1985) 78

[22] A. Brenner. D. A. Huoul, J. Catal. 56 (1979) 134

[23] R. J. Gorte, J. Catal. 75 (1982) 164

[24] J. H. De Boer, S. Kruyer, Proc. Acad. Sci. Ams. 55B (1952) 451
[25] C. Kemball, Proc. Roy. Soc. A. 187 (1946) 73

[26] C; Kemball, Adv. Catalysis 2 (1950) 233

[27] D. H. Everett, Trans. Faraday. Soc. 46 (1950) 453, 942, 957

[28] D. H. Everett, Proc. Chem. Soc. 38 (1957)

[29] J. A. Kockey, B. A. Pethica, Trans. Faraday Soc. 58 (1962) 2017

[30] Gregg. S. J, The surface Chemistry of Solids, Chapman & Hall, London, (1961) 74

[31] P. H. Emmet, S. Brunauer, J. Am. Chem. Soc. 59 (1937) 1553

[32] D. Dollimore, G. R. Heal, D. R. Martin, J. C. S. Faraday I. (1972) 1784

Conclusion générale

Conclusion générale

Cette étude vise à contribuer au développement des connaissances liées à une problématique industrielle locale concernant la maîtrise des rejets de composés organiques volatils émis par les procédés de production fortement utilisateurs de solvants organiques. L'objectif étant la contribution à la recherche de solution adaptées économiquement permettant à la fois la récupération du solvant et la valorisation des matériaux naturels locaux dans les procédés de traitement à base d'adsorption. Le choix de cette technique est reconnu dans le monde industriel, sauf que l'aspect original développé dans ce travail fait appel pour la première fois à un matériau local de type diatomite pour l'adsorption de polluant de type COV. En effet, l'adsorption présente des avantages certains en termes d'efficacité de traitement, de rusticité et de facilité de fonctionnement ce qui la rend particulièrement intéressante en terme de rapport coût / performance.

La méthodologie adoptée dans ce travail, consiste à évaluer les performances du minerai diatomite, brute et activée, par comparaison avec trois oxydes métalliques pris comme références. Pour ceci nous avons développé une méthodologie expérimentale assez originale basée sur la détermination des quantités mises en jeu par les phénomènes d'adsorption et/ou désorption. L'approche expérimentale développé au laboratoire est un appareillage équipé d'un spectrophotomètre IRTF pour la mesure de la concentration du xylène en sortie de réacteur et le traitement quantitatif des spectres IRTF enregistrés lors de l'adsorption et désorption de l'o-xylène. Ces expériences ont été réalisée dans des conditions dynamiques sous flux gazeux à la pression atmosphériques avec l'ensemble des solides étudiés, DT, DT(2N), Al_2O_3, TiO_2 et SiO_2.

Nous avons étudié dans un premier temps les caractéristiques texturales et superficielles des solides étudiés. Nous avons montré que la diatomite est très riche en SiO_2 avec de faibles proportions de Al_2O_3 et TiO_2. L'activation thermique de minerai diatomite n'a aucun effet sur la surface spécifique alors qu'un traitement acide conduit à une augmentation notable de la surface spécifique et un développement de la porosité. Ceci a été mis en évidence par des expériences d'adsorption désorption de N_2 a 77 K. Nous avons attribué l'augmentation de volume poreux à la création d'un réseau poreux plus développé pour la diatomite traitée, probablement du à l'élimination totale des carbonates. Ces résultas ont été appuyés à la fois par des spectres IRTF, des analyses par microscopie électronique à balayage et par fluorescence X. Nous avons également mis en évidence par étude thermogravimétrique la grande stabilité thermique des matériaux étudiés.

Par la suite nous avons recherché à relier les caractéristiques physico-chimiques des adsorbants étudiés à leurs performances en terme d'adsorption et désorption d'o-xylène contenu dans le flux gazeux. L'évaluation des performances des solides en terme d'adsorption et de

Conclusion générale

désorption a été effectué par des expériences à base de cycles d'adsorption/ désorption de xylène dans des conditions dynamiques. Les résultats obtenus montrent que malgré des surfaces relativement faibles des diatomites par rapport à celle de SiO_2, les minerais adsorbent des quantités semblable à celles de SiO_2 lorsque le taux d'adsorption est exprimé en µmol /m^2. D'autre part, nous avons montré que plus de 70% de xylène adsorbé sur les diatomites se désorbent d'une manière réversible, et la fraction qui restent fortement adsorbés nécessite une désorption à température programmée. Il a été montré que la régénération complète des adsorbants durant cette dernière étape se fait sans dégradation du xylène.

L'étude de l'effet des différents paramètres, tels que la température et la pression partielle du xylène, sur les capacités d'adsorption a montré que le processus d'adsorption est non activé. Ceci a été mis en évidence par la diminution de quantités maximales de xylène adsorbé sur les solides par augmentation de la température d'adsorption. Par contre, ces quantités varient dans le même sens que la pression partielle de xylène. Nous avons mis en évidence l'absence de désactivation des minerais diatomites par cycles d'adsorption/ désorption (<3). Par contre, des modifications ont été observées pour les oxydes. Ceci confère aux diatomites un avantage en terme de recyclage du solide et de récupération du solvant.

La modélisation des isothermes d'adsorption expérimentaux a été réalisée à des températures comprises entre 300 K et 373 K et pour des concentrations d'o-xylène situées entre 0.13 et 1.05 %. Ceci a permis de montrer que les modèles de Langmuir et de Temkin donnent les meilleures représentations des équilibres d'adsorption du xylène dans le domaine de concentration étudié. L'application du modèle de Langmuir a donné accès à une estimation de valeurs de monocouche pour les oxydes métalliques et les minerais diatomites (naturel et traité). Les isothermes d'adsorption du xylène obtenus sont de type I avec des monocouches variant entre 420 µmol/g et 4000 µmol/g correspondant à un nombre de sites totale de l'ordre de 120×10^{17} molécules ou sites /m^2.

Nous avons noté que la silice permet l'adsorption de quantités supérieures de xylène avec une monocouche de l'ordre de 4000 µmol/g. Les valeurs de capacités maximales expérimentales sont toujours inférieures à la monocouche de xylène et ce pour les mélanges où la pression partielle d'o-xylène (P) est inférieure à sa pression de vapeur saturante (Ps) à la température d'adsorption (P<Ps= 6.62 torr dans le cas de l'adsorption à 300 K) pour éviter la condensation de l'o-xylène dans la phase gazeuse.

Dans la dernière partie, nous avons calculé la chaleur d'adsorption mise en jeu lors de l'adsorption de xylène sur les adsorbants étudiés. Les valeurs trouvées sont de l'ordre de la chaleur de vaporisation puisque les phénomènes d'adsorption mettent en jeu, essentiellement, des interactions de type physisorption. Les modèles étudiés ont été utilisés pour estimer un ordre de grandeurs de chaleurs isostérique. Les valeurs obtenues diminuent légèrement et linéairement en fonction du taux de recouvrement, ce qui indique une adsorption avec interaction entre les molécules adsorbées. Ceci confirme bien la bonne concordance entre les points expérimentaux et les modèles de Langmuir ainsi que de Temkin utilisés pour modéliser les isothermes d'adsorption. Nous avons constaté, d'après le calcul de l'entropie d'adsorption, que les molécules de xylène s'adsorbent d'une façon localisée non idéale en gardant toutefois, des degrés de libertés dans le domaine de température étudié et de taux de recouvrement.

Il s'avère ainsi que, l'étude de l'adsorption de xylène sur les solides poreux selon l'approche développée dans ce travail a permis la détermination de différents paramètres caractérisant la performance de matériaux en terme d'adsorption et de désorption de COV. Nous avons pu avoir accès aux valeurs de chaleurs d'adsorption en appliquant des méthodes traditionnelles basées sur l'équation de Clausius-Clapeyron, et l'équation de la désorption à température programmée. Comme suite de ce travail, nous sommes entrain d'appliquer une méthode novatrice inspirée à partir de la méthode AEIR [1-2] développée par Prof. D. Bianchi au Laboratoire d'Application de la Chimie à l'Environnement (LACE) dans le cadre de travaux de recherches postdoctorales. Ces paramètres, mesurés à l'échelle de Laboratoire constituent une étape préliminaire cruciale pour une recherche plus développée, plus adaptée aux conditions réellement pratiquées à l'échelle industrielle.

[1] T. Chafik, O. Dulaurent, J. L. Gass, D. Bianchi, J. Catal. 179 (1998) 503

[2] S. Derrouiche, D. Bianchi, Langmuir, 124 (2004) 116

ANNEXE

ANNEXE

Article 27
Sous réserve des dispositions particulières à certaines activités prévues par l'article 30 ci après, les effluents gazeux respectent les valeurs limites suivantes selon le flux horaire maximal autorisé :
Art. 27-7° : Composés organiques volatils (COV)
Art.27-7°- a) COV non méthaniques
a) Rejet total de composés organiques volatils à l'exclusion du méthane : Si le flux horaire total dépasse **2 kg/h**, la valeur limite exprimée en **carbone total** de la concentration globale de l'ensemble des composés est de **110 mg/m³**. *L'arrêté préfectoral fixe, en outre, une valeur limite annuelle des émissions diffuses sur la base des meilleures techniques disponibles à un coût économiquement acceptable.*
Dans le cas de l'utilisation d'une technique d'**oxydation** pour l'élimination COV, la valeur limite d'émission en COV exprimée en carbone total est de **20 mg par m³** ou **50 mg par m³** si le rendement d'épuration est supérieur à **98%**.
La teneur en oxygène de référence pour la vérification de la conformité aux valeurs limites d'émission est celle mesurée dans les effluents en sortie d'équipement d'oxydation. Dans le cadre de l'étude d'impact prévue à l'article 3.4 du décret du 21 septembre 1977 susvisé, l'exploitant examine notamment la possibilité d'installer un dispositif de récupération secondaire d'énergie En outre, l'exploitant s'assurera du respect des valeurs limites d'émission définies ci-dessous pour les oxydes d'azote (NOx), le monoxyde de carbone (CO) et le méthane (CH₄):
NO$_x$ (équivalent NO$_2$): 100 mg/m³
CH$_4$ (équivalent méthane): 50 mg/m³
CO: 100 mg/m³.
Les 2 kg/h sont exprimés en somme massique de composés.
Dans ce cas général, les VLE sont exprimées en équivalent carbone sauf pour le méthane CH$_4$ dans le cas de l'incinération.
Les différents articles sont illustrés par des schémas. Les flèches vers le bas ont valeur de "oui" et les flèches vers la droite ont valeur de "non".

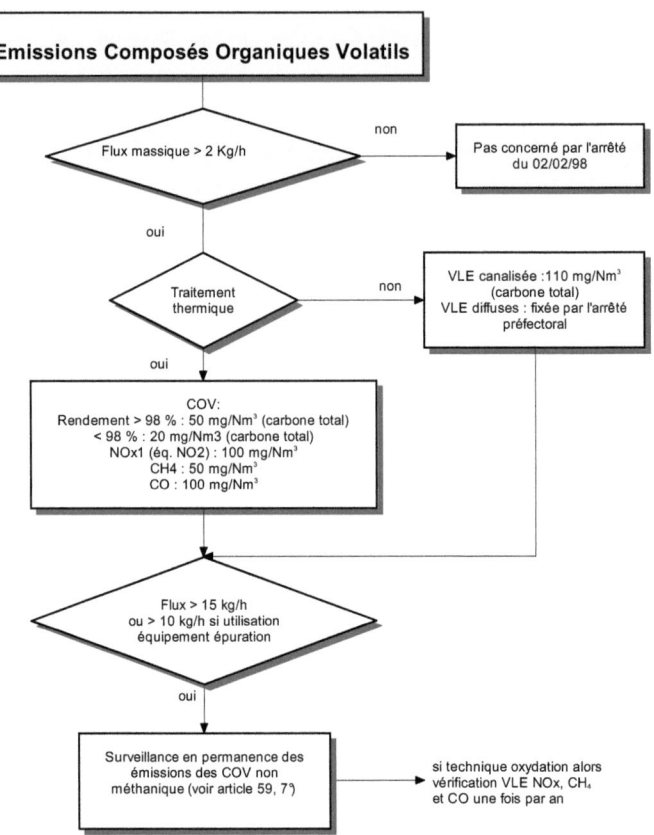

Art.27-7°- b) COV visés à l'annexe III
Si le flux horaire total des composés organiques visés à l'annexe III dépasse **0.1 kg/h**, la valeur limite d'émission de la concentration globale de l'ensemble de ces composés est de **20 mg/m³**.
En cas de **mélange** de composés à la fois visés et non visés à l'annexe III, la valeur limite de **20 mg/m³** ne s'impose qu'aux composés visés à l'annexe III et une valeur de **110 mg/m³**, exprimée en **carbone total**, s'impose à l'ensemble des composés.
Dans le cas des composés de l'annexe III les concentrations sont exprimées en somme massique.

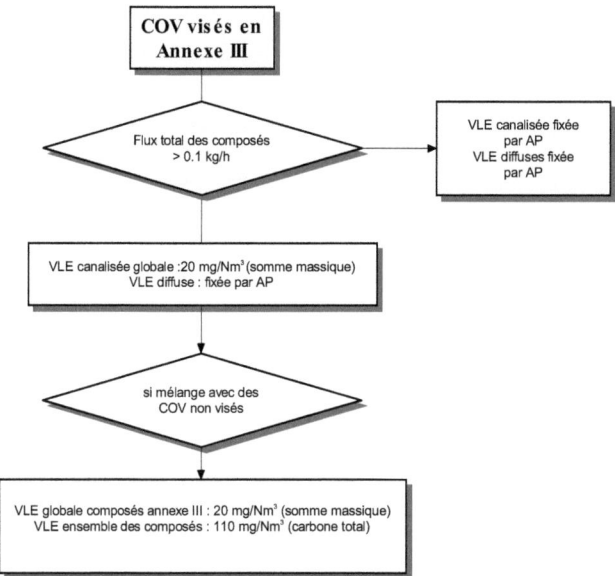

Art.27-7°- c) COV à phrases de risques R45, R46, R49, R60, R61 et halogénés R40
Substances à phrases de risque R45, R46, R49, R60, R61 et halogénées étiquetées R40, telles que définies dans l'arrêté du 20 avril 1994 susvisé:

COV étiquetés R45, R46, R49, R60 et R61
Les substances ou préparations auxquelles sont attribuées, ou sur lesquelles doivent être apposées, les phrases de risque **R45, R46, R49, R60 ou R61,** en raison de leur teneur en composés organiques volatils classés cancérigènes, mutagènes ou toxiques pour la reproduction, sont remplacées autant que possible par des substances ou des préparations moins nocives. Si ce remplacement n'est pas techniquement et économiquement possible, la valeur limite d'émission **de 2 mg/m³** en COV est imposée, si le flux horaire maximal de l'ensemble de l'installation est supérieur ou égal à **10 g/h**. La valeur limite ci-dessus se rapporte à la somme massique des différents composés.
Dans le cas des composés à phrases de risque R45, 46, 49, 60 et 61 les concentrations sont exprimées en somme massique.

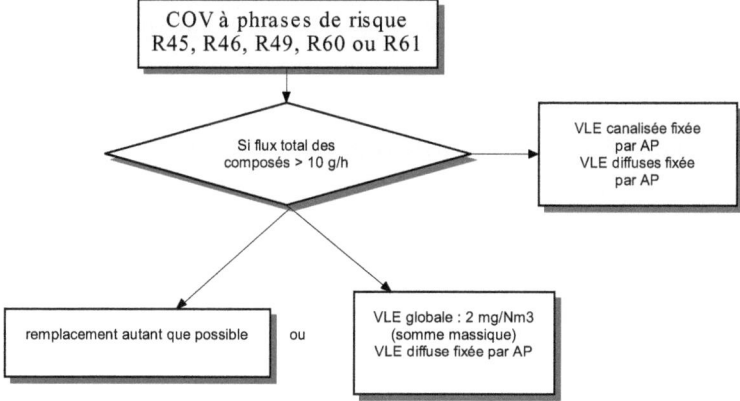

COV halogénés R40
Pour les émissions des composés organiques volatils **halogénés étiquetés R40**, une valeur limite d'émission de **20 mg/m³** est imposée si le flux horaire maximal de l'ensemble de l'installation est supérieur ou égal à **100 g/h**. La valeur limite d'émission ci-dessus se rapporte à la somme massique des différents composés.
Dans le cas des composés à phrase de risque R40 les concentrations sont exprimées en somme massique.

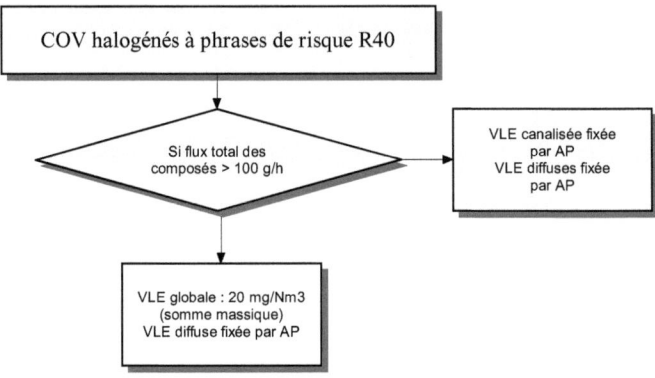

Art.27-12° - Rejets de substances cancérigènes (annexe IV)
L'arrêté préfectoral d'autorisation fixe une valeur d'émission :
- si le flux horaire de l'une des substances visées à l'annexe IV.a dépasse 0,5 g/h;
- si le flux horaire de l'une des substances visées à l'annexe IV.b dépasse 2 g/h;
- si le flux horaire de l'une des substances visées à l'annexe IV.c dépasse 5 g/h;
- si le flux horaire de l'une des substances visées à l'annexe IV.d dépasse 25 g/h.
Les COV de l'annexe IV sont concernés par les phrases de risque R45, 46, 49, 60 ou 61. C'est donc la réglementation de l'art. 27-c qui s'applique.
Dans le cas des composés de l'annexe IV les concentrations sont exprimées en somme massique.

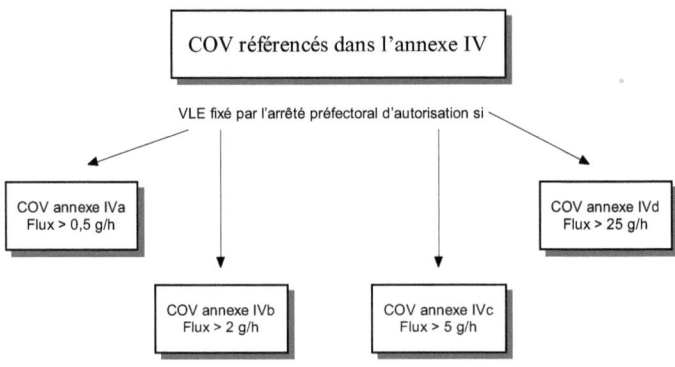

Annexe III composés organiques visés aux articles 27 (7-b)
Acétaldéhyde (aldéhyde acétique), Acide acrylique, Acide chloroacétique, Aldéhyde formique (formaldéhyde), Acroléine (aldéhyde acrylique - 2 -propénal), Acrylate de méthyle, Anhydride maléique, Aniline, Biphényles, Chloroacétaldéhyde Chloroforme (trichlorométhane), Chlorométhane (chlorure de méthyle), Chlorotoluène (chlorure de benzyle), Crésol, 2,4-Diisocyanate de toluylène, Dérivés alkylés du plomb, Dichlorométhane (chlorure de méthylène),

1,2-Dichlorobenzène (O-dichlorobenzène), 1,1- Dichloroéthylène, 2,4-Dichlorophénol, Diéthylamine, Diméthylamine, 1,4-Dioxane, Ethylamine,2-Furaldéhyde (furfural), Méthacrylates, Mercaptans (thiols), Nitrobenzène, Nitrocrésol, Nitrophénol, Nitrotoluène, Phénol, Pyridine, 1,1,2,2,-Tétrachloroéthane, Tétrachloroéthylène (perchloréthylène), Tétrachlorométhane (tétrachlorure de carbone), Thioéthers, Thiols, O.Toluidine, 1,1,2-Trichloroéthane, Trichloroéthylène, 2,4,5 Trichlorophénol, 2,4,6 Trichlorophénol, Triéthylamine, Xylènol (sauf 2,4-xylénol)

Annexe IV Substances visées à l'article 27-12

Annexe IVa:
Benzidine; benzo (a) pyrène; béryllium et ses composés inhalables, exprimés en Be; composés du chrome VI en tant qu'anhydre chromique (oxyde de chrome VI), chromate de calcium, chromate de chrome III, chromate de strontium et chromates de zinc, exprimés en chrome VI; dibenzo (a, h) anthracène; 2 naphtylamine; oxyde de bis chlorométhyle.

Annexe IV b:
Trioxyde et pentoxyde d'arsenic, acide arsénieux et ses sels, acide arsénique et ses sels, exprimés en As; 3,3 dichlorobenzidine; MOCA; 1,2 dibromo-3-chloropropane; sulfate de diméthyle.

Annexe IV c:
Acrylonitrile; épichlorhydrine; 1-2 dibromoéthane; chlorure de vinyle; oxyde, dioxyde, trioxyde, sulfure et soussulfure de nickel, exprimés en Ni.

Annexe IV d:
Benzène; 1-3 butadiène; 1-2 dichloroéthane; 1-3 dichloro 2 propanol; 1-2 époxypropane; oxyde d'éthylène; 2 nitropropane.

Oui, je veux morebooks!

i want morebooks!

Buy your books fast and straightforward online - at one of world's fastest growing online book stores! Environmentally sound due to Print-on-Demand technologies.

Buy your books online at

www.get-morebooks.com

Achetez vos livres en ligne, vite et bien, sur l'une des librairies en ligne les plus performantes au monde!
En protégeant nos ressources et notre environnement grâce à l'impression à la demande.

La librairie en ligne pour acheter plus vite

www.morebooks.fr

VDM Verlagsservicegesellschaft mbH
Heinrich-Böcking-Str. 6-8   Telefon: +49 681 3720 174   info@vdm-vsg.de
D - 66121 Saarbrücken   Telefax: +49 681 3720 1749 www.vdm-vsg.de

Printed by Books on Demand GmbH, Norderstedt / Germany